# 雷电灾害调查分析与鉴定技术

李家启　编著

气象出版社
China Meteorological Press

## 内容简介

本书根据最新法律、法规和标准编写,系统介绍了雷电灾害的定义、分类及特性,雷电灾害调查的组织、程序和内容。全面深入地阐述了雷电灾害分析方法、现场勘察与取证、雷电灾害鉴定和事故原因分析等内容,并提供了雷电灾害事故分析的典型案例。

本书可供安全、气象、灾害等相关工程类的管理和技术人员参考,是进行雷电灾害调查分析的一本实用参考书。

**图书在版编目(CIP)数据**

雷电灾害调查分析与鉴定技术/李家启编著. —北京:
气象出版社,2012.12(2014.6 重印)
ISBN 978-7-5029-5655-4

Ⅰ.①雷… Ⅱ.①李… Ⅲ.①雷-气象灾害-研究
②闪电-气象灾害-研究 Ⅳ.①P427.32

中国版本图书馆 CIP 数据核字(2012)第 307769 号

Leidian Zaihai Diaocha Fenxi yu Jianding Jishu
**雷电灾害调查分析与鉴定技术**

| | |
|---|---|
| **出版发行**:气象出版社 | |
| **地 址**:北京市海淀区中关村南大街 46 号 | **邮政编码**:100081 |
| **总 编 室**:010-68407112 | **发 行 部**:010-68409198 |
| **网 址**:http://www.cmp.cma.gov.cn | **E-mail**:qxcbs@cma.gov.cn |
| **责任编辑**:张锐锐 吴晓鹏 | **终 审**:汪勤模 |
| **封面设计**:博雅思企划 | **责任技编**:吴庭芳 |
| **印 刷**:北京京科印刷有限公司 | |
| **开 本**:700 mm×1000 mm 1/16 | **印 张**:9 |
| **字 数**:160 千字 | |
| **版 次**:2012 年 12 月第 1 版 | **印 次**:2014 年 6 月第 2 次印刷 |
| **定 价**:40.00 元 | |

# 前　言

　　中国地处温带和亚热带地区,雷暴活动十分频繁,雷电灾害事故多发,尤其是重大雷电灾害事故,如1989年"山东青岛市黄岛油库8·2特大雷击起火事故"、2005年"重庆东溪化工有限责任公司4·21雷击特大爆炸事故"、2007年"重庆开县兴业村小学5·23雷击事故"、2009年"河北石家庄市腾飞玛钢铸造有限公司在建厂房8·4雷击事故"、2010年上海东方明珠雷击火灾事故等,这类事故损失严重、社会影响较大,其调查鉴定结果也容易引起社会公众关注。因此,开展雷电灾害调查鉴定技术研究,显得极其迫切和十分重要。

　　鉴于雷电具有的随机性、局域性、瞬时性、突发性及三维性等特征,且重现性很差,通过对雷电灾害事故的调查分析,一方面有利于客观掌握事故发生的原因、过程、人员伤亡及经济损失情况,科学分析事故原因和提供可靠的防雷安全措施建议;另一方面,雷电灾害现场可为防雷技术人员提供直观、生动的第一手资料,通过采用科学的雷电灾害调查鉴定方法,查找雷电灾害致灾机理,为有效防范雷电灾害事故提供可靠的方法和措施。

　　雷电灾害的调查、鉴定和评估是国家赋予气象部门的职责,也是防雷减灾工作的重要组成部分。《防雷减灾管理办法》(中国气象局令第8号)明确规定:"各级气象主管机构负责组织雷电灾害调查、鉴定和评估工作。"气象部门在开展雷电灾害调查时应遵循及时、科学、公正、完整的原则。不仅要通过试验检测还原雷击事故真相,弄清雷击事故原因,为雷电灾害事故,特别是重大雷电灾害事故鉴定结论提供足够的数据支撑;同时,通过雷电灾害鉴定试验,分析雷电破坏机理,研究雷电防护的新技术、新方法和新产品,进而推动防雷技术的发展,也为全国各地雷电灾害事故鉴定提供技术支持和示范引领作用。

　　作者结合十余年主持或参与雷电灾害调查鉴定技术工作经验,参考重庆市质量技术监督局于2006年颁布的第一部关于雷电灾害调查的标准《雷电灾害调查与鉴定技术规范》(DB50/T211－2006)和气象行业标准《雷电灾害调查技术规范》(QX/T103－2009)编著了《雷电灾害调查分析与鉴定技术》一书。本书系统介绍了雷电灾害的定义、分类及特性,雷电灾害调查的组织、程序和内容;全面深入地阐述了雷电灾害分析方法、现场勘察与取证、雷电灾害鉴定和事故原因分析等内容,并提供了雷电灾害事故分析的典型案例。

　　本书在编写过程中得到了重庆市气象局、重庆市雷电灾害鉴定与防御工程技术研究中心、重庆市防雷中心、南京信息工程大学应用气象学院、重庆市北碚区气象局、重庆大学电气工程学院和重庆市北碚区防雷中心等部门的大力支持,特别是中国气象科学研究院张义军研究员、董万胜研究员,南京信息工程大学申双和教授,重庆市气象局李良福教授级高级工程师,重庆大学廖瑞金教授、杨庆副教授、重庆市防雷中心覃彬全副主任、陈宏副主任等审阅全书,并提出了许多宝贵意见;重庆市北碚区气象局汪志辉、黄亚敏、贺显友及李光兵等参与了本书第二章和第三章的编写工作,在此一并致谢。此外,本书引用的研究成果,除个别文献外,均列出参考文献,在此谨向前人的工作致以衷心感谢!

由于作者水平有限、时间仓促,本书难免有不足之处,敬请读者批评指正。

作者
2012.9.1

# 目　录

# 第 1 章
# 概 论

## 1.1 雷电灾害及其特性

### 1.1.1 定义

雷电因其强大的电流、炙热的高温、猛烈的冲击波以及强烈的电磁辐射等物理效应而能够在瞬间产生巨大的破坏作用,常常导致人员伤亡,建筑物、供配电系统、通信设备、民用电器的损坏,引起森林火灾,造成信息系统中断,仓储、炼油厂、油田等燃烧甚至爆炸,危害人民财产和人身安全,也会严重威胁航空航天等运载工具的安全。

雷电灾害泛指雷击或者雷电电磁脉冲侵入和影响造成人员伤亡或财产受损、部分或全部功能丧失,酿成不良的社会和经济后果的事件。雷电灾害的损失包括直接的人员伤亡和经济损失,以及由此衍生的经济损失和不良社会影响。

雷击后果可能有以下四种情况:人受到伤害,物也遭受损失;人受到伤害,而物没有遭受损失;人没有伤害,物遭受损失;人没有伤害,物也没有损失,只有时间和间接的经济损失。在上述四种情况中,前两者称为伤亡雷电灾害;后两者则称为一般雷电灾害,或称为无伤害雷电灾害。例如雷击加油站或者化工厂发生爆炸等情况,使在场或附近的人员受伤,这属于人受到伤害,物也遭受损失的伤亡雷电灾害;野外作业人员遭到雷击,这属于人受到伤害,而物没有损失的伤亡雷电灾害;雷击化工厂或雷击电磁脉冲导致的设备等受损,而人员安全撤离,这属于人没有受到伤害,物遭受损失的无伤害雷电灾害;在生产作业过程中,遭受雷击突然停电而导致生产作业暂时停止,但是没有造成任何损失和伤亡的事件,这就属于人和物都没有受到伤害和损失(指直接损失)的一般雷电灾害。但无论是伤亡雷电灾害还是一般雷电灾害,总是有损失存在的,雷电灾害的发生影响了人们行为的继续,从时间上给人们造成了损失,进而导致间接经济损失的发生。另外,从雷电灾害对人体的危害看,虽然有时在生理上没有明显的表征,但是雷电灾害后果依然可能是难以预测的问题。所以,必须将这种无伤害的一般雷电灾害也作为雷电灾害的一部分加以收集、研究,以便掌握雷电灾害发生的倾向和概率,并采取相应的措施,这在防雷安全管理上是极为重要的。

### 1.1.2　特性

雷电灾害涉及各行各业,渗透到生活和生产的每一个领域,几乎可以说雷电灾害是无所不在的,同时雷电灾害造成的破坏又各不相同,所以说雷电灾害也是复杂的。但是,雷电灾害是客观存在的,客观存在的事物其发展过程本身就存在着一定的规律,这是客观事物本身所固有的本质的联系;同样客观存在的雷电灾害必然有着其本身固有的发展规律,这是不以人的意志为转移的。研究雷电灾害不能只从雷电造成灾害的表象出发,必须对雷电灾害进行深入调查分析,由灾害特性入手寻找根本原因和发展规律。大量的雷电灾害统计结果表明,雷电灾害具有以下三个特性。

#### 1.1.2.1　因果性

因果性是说一切雷电灾害的发生都是由一定原因引起的,这些原因就是潜在或显性危险因素(或称防雷安全隐患)。这里所说的危险因素,不但有人的因素(包括人的不安全行为和管理缺陷),也有物的因素(包括物的本身存在着不安全因素以及环境存在着不安全条件等)。所有这些通常被称之为隐患,它们在一定的时间和地点下相互作用就可能导致雷电灾害的发生。因果性也是雷电灾害必然性的反映,若本身存在隐患,则迟早会导致雷电灾害的发生。

因此,不能把雷电灾害简单地归结为一点,在识别危险过程中要把所有的因素都找出来,包括直接的、间接的,甚至更深层次的,只有把危险因素都识别出来,事先对其加以控制和消除,才可以预防雷电灾害。

#### 1.1.2.2　偶(必)然性

偶然性是指事物发展过程中呈现出来的某种摇摆、偏离,是可以出现或不出现、可以这样出现或那样出现的不确定的趋势。必然性是客观事物联系和发展的合乎规律的确定不移的趋势,是在一定条件下的不可避免性。雷电灾害的发生是随机的,同样的前因事件随时间的进程导致的后果不一定完全相同,但偶然中有必然。随机事件服从于统计规律,可用数理统计方法为预防雷电灾害提供依据。

对于不同行业,不同类型的雷电灾害,无伤、轻伤和重伤的比例不一定完全相同,但是统计规律告诉人们,在进行同一项活动中,无数次意外事件必然导致雷电灾害重大伤亡的发生,而要防止雷电灾害造成的重大伤亡必须减少或消除一般雷电灾害。所以要重视隐患,在萌芽状态将其消灭。

用数理统计的方法还可得到雷电灾害发生的其他一些规律性的东西,如雷电灾害多发时间、地点等。这些规律对预防雷电灾害都起着十分重要的作用。

### 1.1.2.3　潜伏性

潜伏性是说雷电灾害在尚未发生或还未造成后果之时,是不会显现出来的,好像一切还处在"正常"和"平静"状态。但只要防雷安全隐患客观存在,雷电灾害总会发生,只是时间早晚而已。雷电灾害的这一特征要求人们消除盲目性和麻痹思想,在任何时候任何情况下都要高度重视防雷安全;要在雷电灾害发生之前充分辨识危险因素,及时消除防雷安全隐患,最大限度地减少雷电灾害发生;定制雷电灾害防治和应急救援方案,把雷电灾害发生时产生的损失降低到最低。

## 1.1.3　防雷安全隐患的形成与发展

防雷安全隐患有着其产生、发展、消亡的过程。一般说来,防雷安全隐患的产生、发展可分为以下几个阶段:孕育—发生(即形成阶段)—伤害(损失,即消亡阶段)。

(1)孕育阶段

项目的某些环节本身就可能具有潜在隐患。例如,有的厂房工程项目在防雷设计、施工中都隐匿着危险;在生产过程中,因技术水平不高,科技含量较低,人员素质较差等因素,随时可能会产生新的危险。此时,防雷隐患尚处于无形、隐蔽状态,只能估计或预测危险可能会出现,却不能描绘出它的具体形态。

(2)形成阶段

随着生产的不断发展,管理常常出现疏漏和失控,物的状态也在不断演变,逐渐构成了可能导致雷电灾害发生的各种因素。此时,有的防雷安全隐患已经发展为险情。在这一阶段,雷电灾害处于萌芽状态,可以具体指出它的存在。此时是发现防雷安全隐患,预防雷电灾害发生的最佳时机,有经验的防雷安全工作人员已经可以预测雷电灾害的发生。

(3)消亡阶段

当生产中的防雷安全隐患被某些偶然事件触发,就产生了雷电灾害,造成财产损失和人员伤亡。雷电灾害是作为一种现象的结果而存在的,这个时候,作为现象的防雷安全隐患已经演变为雷电灾害,该防雷安全隐患随着雷电灾害的产生而消亡。

雷电灾害发生后要进行调查分析、处理整改。研究防雷安全隐患的发展过程,就是为了及时识别和发现防雷安全隐患,通过整改控制和减少雷电灾害的发生。

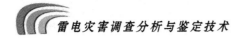 

## 1.2 雷电灾害的分类

### 1.2.1 自然事故

自然事故是由自然灾害引起的事故,这类事故在目前条件下受到科学知识不足的限制还不能做到完全预防,只能通过预测、预报技术,尽量减轻灾害所造成的破坏和损失。如:2007 年 5 月 23 日,发生在重庆市开县兴业村小学教学楼的雷击事故,造成 7 人死亡 44 人受伤,该事故就属于自然事故,因为《建筑物防雷设计规范》(GB50057)没有对此类建筑做防雷的强制要求。

### 1.2.2 人为事故

人为事故则是指由人为因素而造成的事故,这类事故既然是人为因素引起的,原则上就能预防。如 2005 年 4 月 21 日发生在重庆市东溪化工有限责任公司的特大雷击爆炸事故,如果及时撤离厂区工作人员,就可以避免人员伤亡。

## 1.3 雷电灾害损失计算

### 1.3.1 雷电灾害损失计算

雷电灾害的损失包括直接的人员伤亡和经济损失,以及由此衍生的经济损失和不良社会影响。雷电灾害经济损失包括直接经济损失与间接经济损失。

直接经济损失包括原材料损失、成品(半成品)损失和设备、厂房损失。间接损失指从雷电灾害发生时起至恢复正常生产时止,按日计划产量计算的总损失量。其中对直接经济损失中原材料和成品按照市场价核算;设备、厂房等毁坏而无法恢复的,按照使用年限折旧后进行核算;设备、厂房等被损坏但能修复时,将修复费计入损失。

间接经济损失包括因雷电灾害停产所造成的损失,负伤者的时间损失,负伤者以外人员的时间损失(如照料负伤者的人员的时间损失等),领导者的时间损失(如雷电灾害调查,根据规定提出雷电灾害报告等占用的时间),救护者、医院有关人员等的时间损失,机械工具材料及其他财产损失,负伤者复工后能力降低引起劳动生产率下降的损失,以及由此衍生的其他损失。

### 1.3.2 损失工作日计算

参考《企业职工伤亡事故分类标准》(GB6441-86)有关规定执行。

## 1.4　雷电灾害调查

雷电灾害调查是掌握整个事故发生过程、原因、人员伤亡和经济损失情况的重要工作,它根据调查结果分析事故责任,提出处理意见和事故预防措施,并撰写雷电灾害调查报告书。通过调查可掌握雷电灾害发生的基本事实,以便在此基础上进行正常的雷电灾害原因和责任分析,对事故责任者提出恰当的处理意见,对事故预防提出合理的防范措施,使职工从中吸取深刻教训,并促使单位在防雷安全管理上进一步进行完善。

### 1.4.1　雷电灾害调查程序

经抢救与雷电灾害现场保护处理后,就开始对雷电灾害进行调查,调查程序如图 1.1 所示。主要包括组成调查组,制定调查计划、现场勘察、人员调查询问及雷电灾害鉴定等,并收集各种物证、人证和事故事实材料(包括人员、作业环境、设备、管理和事故过程的材料)。调查结果是进行雷电灾害分析的基础材料。

### 1.4.2　雷电灾害调查组织及原则

#### 1.4.2.1　调查组的组成

雷电灾害调查应由气象主管机构指定的专业防雷机构组成调查组或直接派出调查组负责实施。调查组人员应不少于三人,现场调查应不少于两人,调查组人员应具有较全面的雷电防护理论与较丰富的实践经验。根据需要可聘请相关人员加入调查组。

#### 1.4.2.2　调查应遵循的原则

雷电灾害调查处理应当按照实事求是、尊重科学的原则,及时、准确地查清事故原因,查明事故性质和责任,总结教训,提出整改措施,并对事故责任者提出处理意见。具体原则如下:

(1)事故是可以调查清楚的,这是调查事故最基本的原则;

(2)调查事故应实事求是,以客观事实为根据;

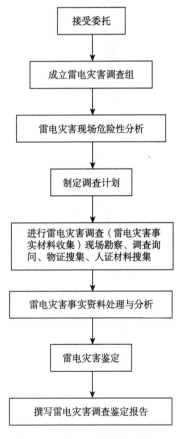

图 1.1　雷电灾害调查程序

（3）坚持"三要"的原则,即雷电灾害分析要透彻,事故原因要查清,防范措施要落实;

（4）雷电灾害调查组成员一方面要有调查的经验或某方面的专长,另一方面不应与所调查雷电灾害有直接利害关系。

### 1.4.2.3　雷电灾害调查组的权利

（1）调阅一切与雷电灾害有关的档案资料;

（2）向事故当事人及有关人员了解与雷电灾害有关的一切情况;

（3）事故现场处理必须经调查组许可;

（4）任何单位或个人不得干涉调查组工作。

### 1.4.2.4　现场勘察组调查项目

（1）事故现场处理。在调查组进入事故现场调查的过程中,在事故调查分析没有形成结论以前,要注意保护事故现场,不得破坏与事故有关的物体、痕迹和状态等。当进入现场或做模拟试验需要移动现场某些物体时,必须做好现场标志,同时要采用照相或摄像手段,将可能被清除或践踏的痕迹记录下来,以保证现场勘察调查能取得完整的事故信息。

（2）现场勘察与物证收集。对损坏的物体、部件、碎片及残留物的位置等,均应贴上标签,注明时间、地点和管理者;所有物件应保持原样,不准冲洗擦拭。

（3）事故现场摄影。应做好以下拍照内容:

①方位拍照,要能反映事故现场在周围环境中的位置;

②全面拍照,要能反映事故现场各部分之间的联系;

③中心拍照,要能反映事故现场中心情况;

④细目拍照,要能反映雷击的痕迹物;

⑤人体拍照,要能反映伤亡者主要受伤和造成死亡的伤害部位。

（4）事故图绘制。根据事故类别和调查工作的需要,绘制出事故调查分析中所必须了解的信息示意图,如建筑物平面图、剖面图,防雷装置布置图,雷击部位图等。

（5）证人材料搜集。尽快搜集证人口述材料,认真考证其真实性,听取单位领导和群众意见。

（6）事故事实材料搜集

——与事故鉴别和记录有关的材料。

——事故发生的有关事实材料。包括雷电灾害发生前设备、设施等的性能和质量状况;必要时对使用的材料进行物理或化学性能试验分析;有关设计和工艺方面的技术文件、工作指令和规章制度方面的资料及执行情况;个人防护措施状况;其他可能与事故有关的细节或因素。

### 1.4.3 雷电灾害分析与处理

#### 1.4.3.1 事故原因的调查分析

事故原因的调查分析包括对事故发生的直接原因和间接原因的调查分析。调查分析事故发生的直接原因就是分别对物和人的因素进行深入、细致的追踪,弄清在人和物方面所有的事故因素。明确它们的相互关系和所占的重要程度,从中确定事故发生的直接原因。

雷电灾害间接原因的调查分析导致人的不安全行为、物的不安全状态,以及人、物、环境的失配得以产生的原因,弄清为什么产生不安全行为和不安全状态,为什么没能在雷电灾害发生前采取措施,预防事故的发生。

(1)直接原因

直接原因是在时间上最接近事故发生的原因,又称为一次原因,它可分为三类。

①物的原因:是指由于设备不良所引起的,也称为物的不安全状态。所谓物的不安全状态是使雷电灾害发生的不安全物体条件或物质条件。

②环境原因:指由于环境不良所引起的。

③人的原因:是指由于人的不安全行为而引起的雷电灾害。所谓人的不安全行为是指违反安全规则和安全操作原则,使事故有可能或有机会发生的行为。

(2)间接原因

间接原因指引起事故原因的原因。间接原因有以下几种。

①技术的原因:防雷安全措施存在的技术缺陷。

②教育的原因:与防雷安全有关的知识和经验不足。

③管理原因:企业主要领导人对安全的责任心不强,作业标准不明确,缺乏检查保养制度等。

(3)主要原因

在造成某次事故的直接原因和间接原因中,对事故发生了主导作用的原因即为主要原因。值得注意的是,主要原因既可以为直接原因,也可以为间接原因。

#### 1.4.3.2 事故责任及分析处理

事故责任分析是在查明事故的原因后,分清事故的责任,使单位领导和职工从中吸取教训,改进工作。事故责任分析中,应通过调查和分析事故的直接原因对事故责任提出处理意见。

#### 1.4.3.3 分析制定预防措施

事故调查的根本目的在于预防事故。在查清事故原因之后,应制定防止类似事故重复发生的措施。对防雷技术存在的问题,应提出改进方案;对职工操作方法上存在的问题,应与相关安全技术规程对比,提出改进方案;防雷设施及其现有装置存在的问题,可进行技术鉴定,及时检修,使其处于安全有效状态,无防雷装置的要按规定设置;组织管理上存在的问题,应按有关规定及现代管理要求予以解决,如调整机构人员,建立健全规章制度,进行防雷安全教育等。

### 1.4.4  雷电灾害调查报告书

雷电灾害调查报告书是根据调查结果,由雷电灾害调查组撰写的雷电灾害调查文件,并经调查组全体人员签字。

#### 1.4.4.1  雷电灾害调查报告书的内容

雷电灾害调查报告书核心内容反映对雷电灾害的调查分析结果,即反映雷电灾害发生的全过程和原因所在、造成的人员伤亡和经济损失情况、雷电灾害处理意见和防范措施的建议等。

#### 1.4.4.2  雷电灾害调查报告书的撰写要求

①雷电灾害发生过程调查分析要准确  雷电灾害到底是怎样发生的,这对分析原因和分析责任有直接关系。论述时,可按雷电灾害发生之前、之时及之后的时间序列来进行描述,雷电灾害发生的人、物、环境状态、雷电灾害发展情况等都应交代清楚。

②原因分析要明确  根据发生雷电灾害的特点,结合生产、技术、设备和管理等方面进行分析、哪些是直接原因、哪些是主要原因、哪些原因是根本的。分析要细致,论述要有证据,内容要有说服力;为责任分析和采取防范措施奠定基础。

③预防措施要具体  只有预防雷电灾害的措施具体,才能更好落实;否则,措施就无法落实,变成空活、废话。预防雷电灾害的措施要根据造成雷电灾害的漏洞,以及防雷安全薄弱环节的实际情况制订。如果有措施,因不积极落实,又造成重大伤亡雷电灾害,措施执行人要受到更加严肃的处理。

④调查组成员要签字  调查组成员对雷电灾害情况、原因分析、防范措施等取得统一或基本统一后,每个调查组成员要在调查报告上签字,有不同意见,可在签字时注明具体保留意见。签字之后,即宣布调查组任务已完成。

## 1.5  雷电灾害上报

各级政府和气象主管部门多次要求加强雷电灾害统计和信息报告工作,对重大、特大雷电灾害查处速度要从快。同时也要求各地区、各部门认真履行重大雷电灾害和紧急事件的报告制度,确保雷电灾害统计数据和信息报送及时、准确。对隐报、谎报、迟报雷电灾害的问题,应要求加强监督检查;对问题严重的,要及时通报批评和严肃处理。

　　对于伤亡事故国家有明确的规定:对一次死亡 3 人以上的重大、特大伤亡事故,必须在发生事故后的 24 小时内报省级政府;而雷电灾害统计月报务必于次月 5 日以前报中国气象局。单位发生雷电灾害后,雷电灾害现场有关人员应当立即报告本单位负责人;单位负责人接到雷电灾害报告后,应当迅速采取有效措施,组织抢救,防止雷电灾害扩大,减少人员伤亡和财产损失,并按照国家有关规定立即如实报告当地气象行政主管部门,不得隐瞒不报、谎报或者拖延不报,不得故意破坏雷电灾害现场、毁灭有关证据;有关地方人民政府接到重大雷电灾害报告后,应当立即赶到雷电灾害现场,组织雷电灾害抢救。任何单位和个人都应当支持、配合雷电灾害抢救,并提供一切便利条件。

# 第 2 章
# 雷电灾害分析方法

　　雷电灾害调查是一项十分严谨的工作。其结论是必须经得起多方质疑的。在雷电灾害调查实际中,由于大部分灾情不能在 24 小时内赶赴现场,而且可能第一现场已经破坏,导致无法采用直接分析方法,这种情况下,逻辑分析法则成为雷电灾害调查的主要方法。其中逻辑分析法中事故树分析法、事件树分析、故障假设(WI)/安全检查表分析(SCA)、失效模式与影响分析(FMEA)、原因—结果分析法等都是雷电灾害调查分析的重要方法。下面将做详细介绍。

## 2.1　事故树分析(FTA)

### 2.1.1　分析方法

　　事故树分析(Fault Tree Analysis,FTA)又称故障树分析,是从结果到原因找出与灾害有关的各种因素之间因果关系和逻辑的分析法。这种方法是把系统可能发生的事故放在图的最上面,称为顶上事件,按系统构成要素之间的关系,分析与灾害事故有关的原因。这些原因可能是其他一些原因的结果,称为中间事件继续往下分析,直到找出不能进一步往下分析的原因为止,这些原因称为基本原因事件(或基本事件)。其中各因果关系用不同的逻辑门连接起来,由此得到的图形像一棵倒置的树。

　　FTA 法是 20 世纪 60 年代初由美国贝尔电话研究所在研究导弹发射控制系统的安全性时开发出来的,它采用逻辑方法,形象地进行危险的分析工作,可以做定性分析,也可以做定量分析,因其具有以下几个特点,所以可将它应用于雷电灾害分析。

　　——由于事故树分析法是采用演绎方法分析事故的因果关系,能详细找出系统各种固有的潜在的危险因素,为防雷安全设计、制定防雷安全技术措施和防雷安全管理要点提供了依据。

——能简洁、形象地表示出灾害事故和各种原因之间的因果关系及逻辑关系。

——在事故树分析中,顶上事件可以是已经发生的事故,也可以是预想的事故。通过分析找出原因,采取对策加以控制,从而起到预测、预防事故的作用。

——可以用于定性分析,求出危险因素(原因)对事故影响的大小;也可用于定量分析,由各危险因素(原因)的概率计算出事故发生的概率,从数量上说明是否满足预定目标值的要求,从而找出需采取的对策措施的重点并列出轻、重、缓、急顺序。

——可选择最感兴趣的事故作为顶上事件进行分析。这和事件树不同,因为事件树是由一个故障开始的,而引起的事故不一定是使用者最感兴趣的。

——分析人员必须非常熟悉对象系统,具有丰富的实践经验,能准确和熟悉地应用分析方法。往往出现不同分析人员编制的事故树和分析结果不同的现象。

——复杂系统的事故树往往很庞大,分析和计算的工作量大。

——进行定量分析时,必须知道事故树中各事件的故障数据;若这些数据不准确,定量分析就不可能进行。

### 2.1.2　分析的基本步骤

(1)熟悉分析系统。首先要详细了解所要分析的对象,同时还可广泛搜集同类系统发生过的灾害事故。在调查事故时尽量做到全面,不仅要掌握本单位的事故情况,还要了解同行业类似系统或设备以及国外相关事故资料,以便确定所要分析的事故类型都含有哪些内容,供编制事故树时进行危险因素分析使用。

(2)确定分析对象系统和要分析的对象事件(顶上事件)。通过试验分析、事件树分析以及故障类型和影响分析确定顶上事件(何时、何地、何类),明确对象系统的边界、分析深度、初始条件、前提条件和不考虑条件。熟悉系统并收集资料。

(3)确定分析的边界。在分析之前要明确分析的范围和边界,系统内包含哪些内容。

(4)确定系统事故发生概率、事故损失的安全标值。

(5)调查原因事件。顶上事件确定之后,就要分析与之有关的各种原因事件,也就是找出系统的所有潜在危险因素的薄弱环节。凡与事故有关的原因都找出来,作为事故树的原因事件。原因事件的定义也要确定,要简单扼要说明故障类型及发生条件,不能含糊不清。

(6)确定不予考虑的事件。与事故有关的原因各种各样,但有些原因根本不可能发生或发生机会很小,编制事故树时一般不予考虑,但要事先说明。

(7)确定分析的深度。在分析原因事件时,要分析到哪一层为止,需事先确定。分析得太浅,可能发生遗漏;分析得太深,则事故树就会过于庞大繁琐。具体深度应视分析对象而定。

(8)编制事故树。从顶上事件起,一级一级往下找出所有原因事件直到最基本的事件为止,按其逻辑关系画出事故树。每个顶上事件对应一株事故树。

(9)分析与结论。找出各基本事件的发生概率,计算出顶上事件的发生概率,求出概率重要度和临界重要度。当事故发生概率超过预定目标值时,从最小割集着手研究降低事故发生概率的所有可能方案,利用最小径集找出消除事故的最佳方案;通过重要度(重要系数)分析确定采取对策措施的重点和先后顺序,从而得出分析、评价的结论。

具体分析时,要根据分析的目的、人力物力条件、分析人员的能力等选择上述步骤的全部或部分内容实施分析。对事故树规模很大的复杂系统进行分析时,可应用事故分析软件,利用计算机进行定性、定量分析。

### 2.2.3 应用范围

事件树分析主要应用于:(1)搞清楚初期事件到事故的过程,系统地图示出种种故障与系统成功、失败的关系;(2)提供定义故障树顶上事件的手段;(3)可用于事故分析。

## 2.2 事件树分析(ETA)

### 2.2.1 分析方法

事件树分析(ETA)是一种从原因推论结果(归纳)的系统安全分析方法,它按事故发展的时间顺序由初始事件出发,按每一事件的后继事件只能取完全对立的两种状态(成功或失败、正常或故障和安全或事故等)之一的原则,逐步向事故方面发展,直至分析出可能发生的事故或故障为止,从而展示事故或故障发生的原因和条件。通过事件树分析可以看出系统的变化过程,从而查明系统可能发生的事故和找出预防事故发生的途径。

事故的发生是一个动态过程,是若干事件按时间顺序相继出现的结果,每一个初始事件可能导致灾难性的后果,但并不一定是必然的后果。因为事件向前发展的每一步都会受到安全防护措施、操作人员的工作方式、安全管理及其他条件的制约。因此,每一阶段都有两种可能性结果,即达到既定目标的"成功"和达不到既定目标的"失败"。事件树分析从事故的起因事件(或诱发事件)开始,途径原因事件到结果事件为止,每一事件都按"成功"和"失败"两种状态进行分析。成功和失败的分叉为歧点,用树枝的上分支作为成功事件,把下分支作为失败事件,按事件发展顺序不断延续分析,直至最后结果,最终形成一个在水平方向横向展开的树形图。

　　事件树分析使用于多种环节事件或多重保护系统的危险性分析,既可用于定性分析,也可用于定量分析。

### 2.2.2　分析步骤

　　(1)确定初始事件

　　初始事件可以是系统或设备的故障、人员的失误或工艺参数偏移等可能导致事故发生的事件。确定初始事件一般依靠分析人员的经验和有关运行、故障、事故统计资料来确定;对于新开发系统或复杂系统,往往先应用其他分析和评价方法从分析的因素中选定(如用事故树分析重大事故原因,从中间事件、基本事件中选择),用事件树分析方法做进一步的重点分析。

　　(2)判定安全功能

　　系统中包含许多能消除、预防、减弱初始时间影响的安全功能(安全装置、操作人员的操作等)。常见的安全功能有自动控制装置、报警系统、安全装置、屏蔽装置和操作人员采取措施等。

　　(3)发展事件树和简化事件树

　　从初始事件开始,自左至右发展事件树,首先把初始事件一旦发生时起作用的安全功能状态画在上面的分支,不能发挥安全功能的状态画在下面的分支。然后依次考虑每种安全功能分支的两种状态,把发挥功能(正常或成功)的状态画在次级分支的上面分支,把不能发挥功能(故障或失败)的状态画在次级分支的下面分支,层层分解直至系统发生事故或故障为止。

　　简化事件树是在发展事件树的过程中,将与初始时间、事故无关的安全功能和与安全功能不协调、矛盾的情况省略、删除,达到简化分析的目的。

　　(4)分析事件树

　　找出事故连锁和最小割集。事件树各分支代表初始事件一旦发生后其可能的发展途径,其中导致系统事故的途径即为事故连锁,一般导致系统事故的途径有很多,即有很多事故连锁。

　　事故连锁中包含的初始事件和安全功能故障的后继事件构成了事件树的最小割集(导致事故发生的最小集合)。事件树中包含多少事故连锁,就有多少最小割集;最小割集越多,系统越不安全。

找出预防事故的途径。事件树中最终达到安全的途径指导人们如何采取措施预防事故发生。在达到安全的途径中,安全功能发挥作用的事件构成了事件树的最小割集;最小割集越多,系统越不安全。

由于事件树表现了事件间的时间顺序,所以应尽可能从最先发挥作用的安全功能着手。

(5)事件树的定量分析

由各事件发生的概率计算统计事故或故障发生的概率。

### 2.2.3 应用范围

事件树分析主要应用于:(1)搞清楚初期事件到事故的过程,系统地图示出种种故障与系统成功、失败的关系;(2)提供定义故障树顶上事件的手段;(3)可用于事故分析。

## 2.3 故障假设(WI)/安全检查表分析(SCA)

### 2.3.1 分析方法

故障假设/安全检查分析(WI/SCA)是将故障假设与安全检查表分析两者组合在一起的分析方法,由熟悉工艺过程的人员所组成的分析组进行。分析组用故障假设分析方法确定过程可能发生的各种事故类型。然后分析组用一份或多份安全检查表帮助补充可能的疏漏,此时所用的安全检查表并非着重于设计或操作特点,而着重于危险或事故产生的预案原因。

两种分析方法组合起来能够发挥各自的优点(故障假设分析的创造性和基于经验的安全检查表分析的完整性),弥补各自单独使用时的不足。例如,安全检查表分析是建立在分析人员的经验上的,有时如果对某过程缺乏经验,安全检查表分析就不能完整地对过程的设计、操作规程等进行安全性分析,就需要更为通用的安全检查表;而故障假设分析利用分析组的创造性和经验可最大限度地考虑到可能的事故情况。因为故障假设分析没有其他更规范的分析方法(如预先危险性分析、失效模式与效应分析)详细、系统和完整,使用安全检查表可以弥补它的不足。

故障假设/安全检查表分析方法可用于各种类型的工艺过程或者是项目发展各个阶段。一般用于分析主要的事故情况及其可能后果,是一种粗略的在较大层面上的分析。

### 2.3.2 分析步骤

故障假设/安全检查表分析按以下几个步骤进行：

（1）分析准备

对故障假设/安全检查表分析，危险分析组的组织者应首先组织合适的分析组，确定分析对象的物理分析范围。如果过程或活动比较大，则分成几个功能或物理区域，或者是多个分析任务的顺序。对于本分析的安全检查表部分，分析组的组织者应当获得或建立合作安全检查表，以便分析组能与故障假设分析配合使用，安全检查表应着重于工艺或操作的主要危险特征上。

（2）构建一系列的故障假设问题和项目

分析会议开始应该首先由熟悉整个装置和工艺的人员阐述过程，这些人员包括分析组所分析区域的有关专业人员，参加人员还应说明装置的安全防范、安全设备规程。

分析人员对所分析的过程提出有关安全方面的问题，然而分析人员不应受所准备的故障假设问题的限制或者局限于对这些问题的回答，而是应当利用他们的综合专业知识和分析组的相互启发陈述他们认为必须分析的问题，以保证分析的完整。分析进度不能太快也不能太慢，每天最好不要超过 4～6 小时，连续分析不要超过一周。

分析会议有两种方式：一是列出所有的安全项目和问题，然后进行分析；二是提出一个问题讨论一个问题，即对所有提出的某个问题的各个方面进行分析后再对分析组提出的下一个问题（分析对象）进行讨论。

（3）使用安全检查表进行补充

一旦分析组将所有待分析的问题和项目确定之后，将进入关键的一步，危险分析组织者将获得的安全检查表对拟分析问题和项目进行补充和修改，分析组按照每个安全检查表项目看是否还有其他的可能事故情况，如果有，将按故障假设问题的同样方法进行分析（安全检查表对过程或活动的各个方面进行分析）。某些情况下，一开始就使用安全检查表之前提出尽量多的危险和可能事故情况。而在其他情况下，一开始就使用安全检查表及其项目去构建故障假定问题和项目也能得到很好的结果，特别是那些不使用安全检查表就可能考虑不到的问题和项目。但是，如果一开始就使用安全检查表，组织者应注意不能让安全检查表限制了分析组的创造性思维。

（4）分析每个问题和项目

包括可能事故情况的问题和项目构建完成之后，分析组分析每种事故情况或者是有关安全方面的考虑；定性确定事故的可能后果；列出已有的安全保护和预防措施。然后分析各区域、或工艺过程的每一步，或每个活动都重复进行。有时这种分析由分析组成员在分析会议外完成,然后由分析组审查。

(5)编制分析结果文件

分析报告包括列出故障情况、后果、已有安全保护措施、提高安全性建议,通常以表格的形式出现。然后,有些分析报告采用更紧凑的文本格式,有时危险分析组还将给管理人员提供对分析建议的更详细的解释。

当同时使用安全检查表建立故障假设问题和项目时,第二步和第三步可为一个步骤。

## 2.4 失效模式与影响分析(FMEA)

### 2.4.1 分析方法

失效模式与影响分析(FMEA)分析防雷设施设备故障发生的方式,以及这些失效模式对防雷过程导致的结果。它为失效模式的分析人员提供了一种依据,根据失效模式及影响(后果)决定需对哪些地方进行修改以提高改进系统的设计。在 FMEA 过程中,分析人员只分析防雷设施设备故障及其后果。

它认为每单个故障是单独发生的,与系统的其他故障无关,除非可能产生连续的后果。但是,在某些特殊情况下可能要考虑由同一原因产生多个设备故障的情况。分析结果常常以表格的形式列出。虽然可根据故障的严重程度将故障划分为不同的等级,但它通常为定性的分析方法。

### 2.4.2 分析步骤

(1)确定分析问题

这一步是确定分析项目及它们在何种条件下进行分析。确定分析问题包括确定合适的分析水平和分析的边界条件。详细确定分析问题是完整和有效所必需的。

(2)完成分析

应当以仔细、系统的方式完成 FMEA,尽量减少疏忽,保证 FMEA 的完整性。为了保证完整、有效地进行 FMEA,应准备一套记录的分析结果表格,使用标准的记录表格使得所需记录内容完整并保持在确定的分析水平上。表 2.1 是典型的工作表式样。

表 2.1　典型的 FMEA 工作表式样

| 日期： | | | | 页号： | | |
|---|---|---|---|---|---|---|
| 装置： | | | | 系统： | | |
| 参考资料： | | | | 分析人员： | | |
| 项目 | 标志符 | 说明 | 失效模式 | 后果 | 安全保护 | 建议措施 |
| | | | | | | |
| | | | | | | |
| | | | | | | |
| | | | | | | |

## 2.5　原因—结果分析法

### 2.5.1　分析方法

原因结果分析是对防雷装置、设施等在设计、施工时综合运用事故树和事件树辨识事故的可能结果及其原因的一种分析方法。

### 2.5.2　分析步骤

(1)从某一初因事件和失败的环节事件作为事故树的顶上事件,分别作出事故树图。

(2)将事件树的初因事件和失败的环节事件作为事故树的顶上事件,分别作出事故树图。

(3)根据需要和数据进行定性或定量的分析,进而得到对整个系统的安全性评价。

步骤(1)和(2)所完成的图形称之为因果图。

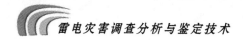
# 第3章

# 雷电灾害现场勘查与取证

## 3.1 概述

雷击事故现场勘察是指调查人员在法律、法规规定的范围内,使用科学的手段和调查研究的方法,对事故现场、有关的场所、物品、尸体和能够证明事故原因、性质及责任的一切对象所进行的实地勘察,并通过现场分析做出事故结论的系统调查工作。

### 3.1.1 勘察目的

(1)根据事故现场的雷击痕迹、雷击损坏物品的状况及不同位置金属物的剩余磁场等判断雷击部位和雷击点。

(2)采集能够证明灾害原因、事故性质和责任的物证。

(3)验证现场访问获取的线索和证据,为现场访问指明方向。

(4)统计与核查事故损失。

### 3.1.2 勘察任务

雷击事故现场勘察主要是围绕查明事故起因而展开工作的,所以现场勘察的基本任务是收集、检验能证明雷击是造成灾害原因的证据。围绕搜集证据,必须查清如下情况:

(1)灾害现场的方位及地形地物状况;

(2)建筑物、构造物的破坏情况;

(3)设备、物品、信号和电源等的位置及被破坏情况;

(4)金属结构受热变形、变色、烧熔、破裂和塌落等情况;

(5)尸体的数量、位置、姿态,死因及受伤人员的情况;

(6)其他情况。

### 3.1.3　勘察基本要求

(1)了解情况后进入现场

无论对于什么样的事故,在实地勘察之前都必须先向有关人员了解有关雷电灾害发生、发展、变化的情况,雷击部位、雷击点可能的位置,现场内可能出现的危险情况等。在充分掌握了现场情况后,再进入现场实地勘察,就能做到目标明确、心中有数。

(2)坚持勘察中的一般原则

对任何种类的事故现场和每一个勘察步骤,以及对于现场的某一个具体部位和某一个具体痕迹或物证的勘察与检验过程,都应遵循先静观后动手、先拍照后提取、先外表后内部、先目视后镜观、先上面后下面、先重点后一般的原则进行。这样做的目的:一是对某一个具体的勘察对象能够做到全面、细致;二是为了不破坏痕迹物证。先静观、先拍照则可以记录下现场的原始状态。

(3)注意保护和保存好现场

在现场勘察期间,不准任何无关人员进入,设法保护好事故现场的痕迹与物证,免受人为或自然原因的破坏。

由于客观或主观原因影响了现场勘察质量,或因情况复杂一时难以查明细节,应该保存好现场。细项勘察中,移动的某些物体或构件,应尽量将其恢复原位,不能复原的要记录原来的位置、形态及特点,以便反复或深入地勘察。

(4)记录与勘察同步进行

现场勘察中每一个步骤都伴随着笔录、绘图和照相。照相和录像是记录现场的一种有效手段,事故现场除了必须保留的那一部分外。其余的地方都要尽快恢复使用。为了记录整个雷击现场,在交付事故单位之前,要采取照相的方法保留这一部分现场的实况。

现场勘察笔录和现场制图是对事故现场面积、位置和方向的定量描述。现场的各种物体之间的距离,各种痕迹与物证的大小和位置以及生产设备的性能和工艺流程,用摄像很难将它们准确地反映出来,用现场笔录,结合现场制图就能记述的一清二楚。

现场制图,可先画草图,但尺寸标注要准确,离开现场后再正规制图。如果事先向事故单位要来有关遭受雷击的建筑及设备的图纸,现场图的绘制就方便多了。

### 3.1.4　现场勘察的准备工作

为能及时、有效地进行雷击事故的现场勘察工作,调查人员必须做好平时和勘察前的准备工作。

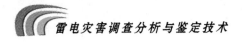

(1)平时准备工作

调查人员应根据现场勘察工作的需要学习有关建筑、电工、雷电科学等方面的知识及现场勘察和物证鉴定的新方法和新成果,以适应不同事故现场勘察的需要;此外,还要努力提高绘图、照相、录像等专业技能;配备必要的勘察工具,如现场勘察箱、照相器材、录像器材等,要保证仪器及工具处于完好状态,做到经常检查,有故障及时修理或调换。车辆和通讯联络工具也要保证处于完好状态。为了勘察中的安全,应配备好必要的防护用品。

(2)临场的准备工作

调查人员到达事故现场以后,应在统一指挥下抓紧做好如下几项勘察的准备工作:

①观察雷击状况:在到达事故现场后,调查人员要立即选择便于观察全场的立脚点,观察并记录相关情况。

②勘察前的询问:现场勘察前应向了解事故现场情况的人了解有关事故和现场的情况,为进行现场勘察提供可靠线索。有疑难问题,可直接邀请有关专家。

③组成勘察组:现场勘察组由气象部门、行业主管机构和当地安全监督管理机构的事故调查技术部门和当地检察院、监察和保险部门人员以及相关专业专家组成。

为了保证现场勘察的客观性、合法性,使勘察记录有充分的证据效力,在发案地点公安基层单位协助下,邀请两名与案件无关、为人公正的公民作现场勘察的见证人。见证人的职责主要是通过亲身参加实地勘察的全部活动,目睹勘察人员在事故现场发现、提取与事故有关的痕迹与物证。如果在诉讼活动中对这些证据(痕迹、物证)的来源发生争议或怀疑时,他们可以出庭作证。因此,见证人必须自始至终地参加对现场的实地勘察。

在勘察过程中发现痕迹、物证时应当主动让见证人过目。勘察结束后,应当让见证人在现场勘察笔录上签字。勘验前,要向见证人讲清见证人的职责,同时向他讲明现场勘察的纪律,不能随意触摸现场上的痕迹、物品,对勘察中发现的情况不能随意泄露。考虑到见证人在诉讼活动中的特殊地位,他们的证词是诉讼证据之一,且为保证证据的客观性、真实性,案件当事人及亲属、公检法的工作人员不应充当现场勘察的见证人。

④准备勘察器材:常用的有雷电灾害勘察箱、照相器材、绘图器材、清理工具、提取痕迹物证的仪器和工具、检测仪器等。

⑤排除险情:排除事故现场中潜在的可能对调查人员造成人身危害的险情,保证现场勘察安全、顺利地进行。

### 3.1.5　勘察方法

现场勘察,应以事故现场所处的环境和痕迹、物证的分布情况为依据,包括4种勘察方法。

(1)离心法

离心法即由中心向外围进行勘察。这种勘察方法适用于现场范围不大,痕迹、物证比较集中,雷击部位比较明显的事故现场。

(2)向心法

向心法即由现场外围向中心进行勘察。这种方法适用于现场范围较大,痕迹、物证分散,雷击区域不突出的事故现场。有的现场虽然范围不大,痕迹与物证也比较集中,但由于过往、围观的人员较多,如不及时对现场进行勘察,痕迹、物证就可能遭到毁坏,也可以采取先外围后中心地进行勘察。

(3)分段法

分段法即根据现场的情况分片、分段进行勘察。如果现场范围较大或者现场较长、环境十分复杂,为了寻觅痕迹、物证,特别是微小物证,可以分片、分段进行勘察。

(4)循线法

对于雷击现场,若现场上的痕迹反映清楚,雷电波侵入的线路又容易辨别出来,即可沿着雷电波侵入线路进行勘察。

## 3.2　事故现场的保护

事故现场是指发生雷电灾害的具体地点和留有与灾害有关的痕迹与物证的一切场所。每一起事故的发生都必然会与一定的时间、空间和一定的人、物、事发生联系,结成一定的因果关系,且必然会引起客观环境的变化。这些与事故案件相关联的地点、人、物、事关系的总和,就构成了事故现场。

### 3.2.1　事故现场的特点

(1)暴露性和破坏性

由于事故本身的破坏作用(爆炸、燃烧等)和人为的破坏作用(救援、伪造现场)等原因,事故现场具有复杂而又不完整的破坏性特点;另一方面,事故现场的种种变化,都可以为人们所感觉到,有可能凭直观就能发现哪里遭受雷击,以及被破坏后的情况。所以,雷击又具有明显的暴露性特点。

(2)复杂性和隐蔽性

由于事故的破坏和人为的破坏作用,往往使现场能反映雷击部位、雷击点的痕迹与物证也遭到破坏,在原来的痕迹、物证上又留下了很多新的加层痕迹与物证,从而使事故现场更加复杂化。由于事故现场是一个破坏式的现场,"再现"事故的发生过程是一个逆推理过程。在推理过程中,由于痕迹、物证被破坏或烧毁,推理过程往往因此中断。这种现象与本质之间、现象与因果关系之间、本质与因果关系之间的复杂性,导致了因果关系的隐蔽性。事故现场这种具有复杂性和隐蔽性的特点,要求调查人员工作一定要细致。

(3)共同性和特殊性

事故现场的现象十分复杂,表现形式也是多种多样,但同类事故现场具有某些相同的现象,这些相同的现象反映了同类事故现场现象的共同性。根据这种共同性,调查人员可找到同类雷电灾害现场的一般规律和特点,去指导事故现场的调查工作。

虽然同类事故现场的现象具有共同性,但是具体的雷击现场却是各不相同的。这种各不相同的现场现象反映了具体事故现场的特殊特征,也就是反映了具体事故现场的特殊性。这种特殊性是各个事故现象特殊规律的反映。根据这些特殊性,事故调查人员可以把这一个事故现场与另一个事故现场区别开来,找到不同现场之间千差万别的原因或特殊依据,针对具体现场的情况进行具体分析,采取不同的方法去解决现场不同的问题。

### 3.2.2　事故现场的分类

事故现场的分类,由于划分要求的不同而各不相同。

(1)按事故现场形成之后有无变动分类

①原始现场。原始现场就是雷击发生后到现场勘察前,没有遭到人为破坏的现场。原始现场能真实、客观、全面地反映雷击破坏的本来面目。如果事故的痕迹、物证较完整,能为调查人员提供较多的线索和重要证据。这样的现场,对分析事故原因比较有利,能较顺利地找到起火点的痕迹和物证,取得造成燃烧或爆炸原因的原始证据。

②变动现场。变动现场就是事故发生后由于人为的或自然的原因,部分或全部地改变了现场的原始状态。这类现场会给事故调查带来种种不利因素,会使调查人员失去本来可以得到的痕迹与物证。

(2)按事故现场的真实情况分类

①真实现场。真实现场是雷击发生后到现场勘察前无故意破坏和无伪装的现场。

②伪造现场。伪造现场是指与事故责任有关的人有意布置的假现场。

③伪装现场。伪装现场是指雷击发生后,当事人为逃避责任,有意对事故现场进行某些改变的现场。

此外,根据发生雷击破坏的具体场所是否集中可分为集中事故现场和非集中事故现场。大多数事故现场是集中的,但也有事故发生在此、起因在彼不连续的非集中事故现场等。

### 3.2.3　事故现场的保护

做好现场保护工作是做好现场勘察工作的重要前提。雷击发生后,如不及时保护好现场,现场的真实状态就可能受到人为的或自然原因的破坏。事故现场是提取查证雷击原因、痕迹与物证的重要场所,若遭到破坏,则直接影响现场勘察工作的顺利开展,影响勘察人员获取现场诸因素的客观资料。这种现场,即使勘察人员十分认真、细致也会影响勘察工作的质量,影响对某些问题(如事故定性、痕迹形成原因等)做出准确判断的能力。因而在事故调查工作中要务必保护好事故现场。

(1)基本要求

现场保护人员在现场保护期间要服从统一指挥,遵守纪律,不能随便进入现场,不准触摸、移动、挪用现场物品。保护人员要有高度的责任心,坚守岗位,尽职尽责,保护好现场的痕迹与物证,收集群众的反映,自始至终地保护好事故现场。

(2)保护范围

一般情况下,保护范围应包括被雷击到的全部场所及可能遭受雷击的一切地点。保护范围被圈定后,禁止任何人进入现场保护区,现场保护人员不经许可不得无故进入现场,移动任何物品,更不得擅自勘察。对可能遭到破坏的痕迹与物证,应采取有效措施,妥善保护,但必须注意,不要因为实施保护措施而破坏了现场的痕迹与物证。

确定保护现场的范围,应根据雷电特征及其破坏特点等不同情况来决定,在保证能够查清事故起因的条件下,尽量把保护现场的范围缩小到最小限度。但遇到下列情况,需要根据现场的条件和勘察工作的需要扩大保护范围:①雷击点位置未能确定,②雷击火灾,③雷击爆炸现场等。

(3)保护时间

根据有关规定,现场保护时间从发现雷击时起到勘察结束,一般在发现后24 小时内上报当地气象主管机构,确保及时勘察完毕。

(4)保护方法

①救援中的现场保护:应注意保护好雷击部位的原状,对于可能是雷击点的区域,更要特别小心,尽可能做到不破坏其结构、构件、设备和其他残留物。

②勘察前的现场保护:

a. 对露天现场,首先应在事故地点以及留有与事故有关的痕迹和物证的一切处所的周围,划定保护范围。起初应当把范围划大一些,待勘察人员到达后,可

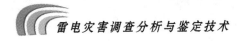

根据具体情况缩小。保护范围划定后应立即布置警戒,禁止无关人员进入现场。

b. 对室内现场,主要应在室外门窗下布置专人看守或在重点部位加以看守加封;对现场的室外和院落也应划出一定的禁入范围,防止无关人员进入现场,以免破坏现场的痕迹与物证。

c. 对于大型事故现场,可利用原有的围墙、栅栏等进行封锁隔离,尽量不要阻塞交通和影响居民生活,必要时应加强现场保护的力量,待勘察时再酌情缩小现场保护范围。

③勘察中的现场保护:现场勘察也应看作保护现场的继续。有的现场需要多次勘察,因此在勘察过程中,任何人都不应有违反勘察纪律的行为。

④痕迹与物证的保护方法:无论是露天现场或室内现场,对于留有尸体、痕迹和物证的处所,均应严加保护。为了引起人们的特别注意,以防无意中破坏了痕迹与物证,可在有物证的周围,用粉笔或白灰划上保护圈记号。对室外某些容易被破坏的痕迹、物证、尸体,可用席子、塑料布、面盆等罩具遮起来。

(5)保护中的应急措施

在现场保护过程中根据不同的情况和设施,应采取适当的急救、灭险、排除障碍等紧急措施。

## 3.3　现场勘查与取证

现场勘察主要是为了找到雷击点和证明雷击的痕迹与物证。由于每起雷击事故的原因不同,再加上地理环境、建筑物性质、建筑结构、防雷装置、工艺材料和破坏程度不同,雷电灾害现场有很大的差异。因此,不能采用统一的模式勘察现场,而应根据不同类型的雷击事故特点采用符合客观实际的勘察方法。

重大雷电灾害事故现场勘察一般应按勘察程序进行,勘察程序大体可分为准备阶段、勘察阶段、材料整理阶段和做出结论。勘察阶段又可分为环境勘察、初步勘察、细项勘察和专项勘察四个步骤。

### 3.3.1　环境勘察

环境勘察是调查人员在现场外围或周围对现场进行的巡视和视察,以便对整个现场获得总体概念。通过对现场环境进行勘察,可以发现、采取和判断痕迹及其他物证,核对与现场环境有关的陈述,在观察的基础上可以据此确定事故范围、勘察顺序并划定勘察范围。

(1)环境勘察的目的

①明确现场方位与四周建筑物的关系;

②确定有关外部引起事故的可能;

③确定事故范围;

④确定下步勘察范围。

(2)环境勘察的主要内容

环境勘察并不是只对事故现场周围环境的观察,它包括从外部向现场内部的观察。

①对灾害现场外部的观察

a. 道路及墙外有无可疑人出入,或车的痕迹,包括车辙、脚印、攀登痕迹、引火物残体和痕迹等;

b. 调查现场周围的工业和民用烟囱的高度,与事故建筑物的距离,当时的风向,烟囱当时有无飞出火星现象,当时锅炉燃料及燃烧情况;

c. 检查建筑物周围通过的电源线路,尤其是进户线路部分及通向事故建筑物的通讯线路是否与动力线发生混触现象,以判定是否有短路、漏电等引起燃烧事故的可能;

d. 检查建筑物周围、地下的可燃性气体及易燃液体管道阀等情况,以判断有无泄漏的可能;

e. 检查与现场相通的管道中有无可燃性蒸汽,以判断可燃性液体是否混入污水;

f. 调查现场最高物体与周围物体的相对高度,可能的雷击点与事故范围之间的关系。

②从周围向事故建筑物观察

a. 雷击危害范围;

b. 雷击对建筑物的哪一部分破坏最严重;

c. 建筑物遭受雷击处的破坏情况。

(3)环境勘察的方法

环境勘察必须由现场勘察负责人率领所有参加实地勘察的人员,在现场周围进行巡视。观察的程序是先向外后向内,先看上后看下,先地面后地下,发现可疑痕迹与物证,及时拍照并可以将实物取下。

### 3.3.2 初步勘察

初步勘察又称静态勘察,是指在不触动现场物体和不改变物体原来位置的情况下进行拍照并可以将实物取下。

(1)初步勘察的目的

①核定环境勘察的初步结论;

②结合当事人或有关人员提供雷击前物体的位置、设备状况以及电源等情

况进行印证性勘验；

③查清雷电波入侵路径，确定雷击部位。

（2）初步勘察的主要内容

①现场有无其他人为破坏痕迹；

②不同方向、不同高度、不同位置的雷电波侵入破坏；

③不同部位各种物质破坏情况。

大部分事故现场，通过以上内容的观察能够判断雷电波侵入的路线，并确定雷击部位和下一步勘察的重点。

（3）初步勘察的方法

①在事故现场内部站在可以观察到整个现场的制高点，对整个现场从上到下、由远及近地巡视。观察整个现场残留的状态，确定现场中巡行的通道。

②沿着所选择的通道，对事故现场按从上到下、由远及近地进行全面观察，对重点部位、可疑点反复观察。

③观察雷电灾害破坏及其终止部位周围的情况。

④根据现场访问提供的线索，对可能的雷击点、遭受雷击物体的位置，进行验证性勘察。

让参加现场访问的人员、必要的证人进入现场大体考查一遍，要看一看雷击原始状态，为访问工作和提供证言启发思路，使访问工作与实地勘察结合起来，加速查明雷击原因。

（4）初步勘察时应注意的问题

①勘察人员在每一个观察点要搞清楚自己观察的位置和方向；

②要从各个方向观察现场被雷击的状态；

③凡是在现场遗留的物体，都要毫不例外地慎重对待，不可轻易抛弃，哪怕是熔化了的金属片、掉落的玻璃碎片，甚至搭落的电线，都可能对技术分析起到作用；

④对雷击的建筑物及其内部物体要结合原来的状况进行考查研究，索取事故现场建筑物或设备安装的平面图及其他有关资料，以便对照分析；

⑤在初步勘察阶段，一般不要动手拆卸被雷击破坏的物体，只要雷击部位没确定，一般不得挖掘现场；

⑥具体问题具体分析。

### 3.3.3 细项勘察

细项勘察，又称动态勘察，是指初步勘察过程中所发现的痕迹与物证，在不破坏的原则下，可以对其逐个仔细翻转移动地进行勘验和收集。细项勘察要对各组成部分及一些痕迹和物证进行更深入全面的研究，容许重新布置，容许变动某些物体的位置和采取勘察过程中所必需的其他操作。详细观察和研究事故现场有关物体的表面颜色、烟痕、裂纹、燃烧余烬,测量、记录有关物体的位置,同时还可以广泛运用现场勘察的技术手段,进行细目照相、录像、录音、测量距离、确定大小,采用各种仪器、技术手段发现并收集痕迹和物证。

(1)细项勘察的目的

①核实初步勘察的结果,进一步确定雷击区域;

②解决初步勘察中的疑点,找出雷击点;

③验证相关访问中获得的有关雷击点的情况;

④确定专项勘察对象。

(2)细项勘察的主要内容

①雷击破坏状态。主要根据遭受雷击的物体的位置、形态、燃烧性能、数量及燃烧痕迹,分析其受雷击的可能性。

②建筑物及其内部雷击破坏的层次和方向。通过雷电波侵入造成建筑物以及室内物体在雷击中被破坏,会发生连续的一些破坏,据此确定雷击来源区域。

③物质的熔痕和粘连物。雷击现场上电气线路以及用电设备上的熔痕有的可直接反映出雷击原因和蔓延路线,这对分析雷击侵入的发展过程有很强的证明作用。

④距离雷击部位不同距离金属物体的位置、剩余磁场等。

⑤搜集现场残存的混凝土、铁钉等。

根据以上主要情况仔细研究每种现象和各个痕迹形成的原因,把事故中心或事故波及范围内有关联的各种事物和现象联系起来,就可以客观且有根据地判断雷击点的位置。

(3)细项勘察的方法

①观察法。调查人员在勘察中对整个现场及每一物件的外观、残留特征、组成、颜色等进行仔细地观察、了解,获得感性认识;在感性认识的基础上又以科学的方法进行分析、判断,认识它们的形成机理、本质特征,证明其作用,形成理性认识。

②比较法。比较法是认识客观事物的重要方法。比较是根据一定的标准,把彼此有某种联系的事物加以对照,经过分析和判断,然后得出结论。在雷击火灾或爆炸事故现场勘察中常常对现场中不同部位或不同部位上的痕迹与物证进行比较,对同一物体不同部位进行比较,对现场中存在的普遍现场与特殊现象进行比较,从而发现雷击点等。

③剖面勘察。在拟定的雷击部位处,仔细观察残留物的状况,辨别物质的特性变化。

④逐步勘察。对事故现场上表面残留物由上到下逐层剥离,观察每一层物体的损坏程度。要注意搜集物证和记录每层的情况。这种勘察方法完全破坏了原始状态,因此要特别细致、认真。

需注意,物证与痕迹的原始位置和方向。雷击点是根据物证与烧毁程度及痕迹特点确定的,如果根据的物证移动了位置或变动了方向又未加查明,则会由此做出错误的判断。辨别物证是否改变了方向的方法一般是:询问事主及了解情况的人,根据物证原始的印痕加以辨认,有无被移动的痕迹,其所处位置是否正常。

发现物证不要急于采集提取。发现有关的痕迹和物证,在做好记录和照相后,应使其保留在所发现的具体位置上,保持原来的方向、倾斜度等。总之。使之保留原来的状态,对它周围的"小环境"也要保持好,以待分析现场时参考,切不能随意处理。关于雷击点和雷击事故原因的证据,必须在实地勘验最后结束前才能提取。有的时候需要邀请证人、当事人和事故单位代表过目,统一结论后再提取。

### 3.3.4　专项勘察

这是对雷击事故现场找到的铁钉、混凝土、金属线等勘察。根据它们的性能、用途、使用和存放状态,以及变化特征等,分析发生故障的原因,或什么原因造成事故。

专项勘察一般有如下项目:

(1)现场各种可能遭受雷击的物体,根据物品特征分析是否为雷击点;

(2)电气线路,检查有无短路点、过负荷现象,根据其特有的痕迹特征,分析短路和过负荷的原因。

### 3.3.5　现场勘察的善后处理

对需要保存的现场处理

经过临场会议研究讨论,对个别重大、情况复杂的现场,因主、客观条件的限制,一次不能勘察清楚的,需要对某些关键部位或疑难问题继续或重新勘察时,经过事故调查负责人批准,征得事故单位同意,在一定时期可以保留。根据需要采取以下几种保留方式:

①全场保留,即将全部现场封闭;

②局部保留,即将现场某一地段保护;

③将某些痕迹在原地保存。

凡是确定要继续保留的现场必须妥善加以安排,指定专人看管,不得使其遭受破坏。

(2)对不需要保留的现场处理

现场勘察完后,如果认为现场无需继续保留时,经事故调查负责人决定,可通过单位进行清理。在勘察中借用的工具、器材及其他物品要如数交还物主。

(3)采取的实物证据要妥善保存,某些收取的物证应如数交还物主。

## 3.4　事故现场调查内容

### 3.4.1　环境因素的调查

——环境因素的调查宜在事发地半径 1 km 范围内。

——调查事发地周围山脉、水体、植被的分布状况等自然环境状况。

——调查事发地周围主要建筑物分布状况和大气烟尘等现状。

——调查事发地周围电力、通信线路、金属管线、轨道等金属体的现状。

——调查事发地土壤、山脉岩质、地下矿藏、地下水等地质状况。

——调查事发地主要建筑物屋顶材质、无线电接收发射天线、地面覆盖铁质或其他金属材料、送变电设施等影响电磁环境的状况。

### 3.4.2　防雷装置及设备因素的调查

外部防雷装置的检查测试与计算:

——检查接闪器、引下线、接地装置,查阅设计图纸及审核机构的意见,查验防雷装置检测报告,查找雷击点和雷击痕迹;

——检查防侧击雷装置状况;

——按 GB/T17949—2000 的要求测量接地电阻和防雷装置连接处的过渡电阻;

——按 GB50057—94 的要求,采用滚球法计算接闪器的保护范围。

内部防雷装置的检查与测试:

——调查建筑物内部共用接地系统总等电位连接状况,测量预留等电位连接接地端子的接地电阻,测量所有进入建筑物的线缆屏蔽管路及铠装电缆屏蔽层与共用接地系统的等电位连接电阻。测量建筑物内金属外壳设备等电位连接接地及设备之间等相关部位等电位连接过渡电阻。

——调查建筑物内机房等相关部位的屏蔽情况。

——调查安装的浪涌保护器(Surge Protective Device,SPD)的型号、技术参数及其配合状况,查看其直观状况,记录 SPD 标志的技术参数,检查或取样检测 SPD 技术性能。对安装在低压配电系统的 SPD 观察其状态显示窗和指示灯的状态。查看 SPD 前端空气开关或熔断器的状态和检查 SPD 的安装工艺及测试报告等。

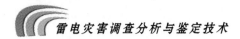

　　——调查建筑物内部、外部安装的电子系统设备的安装位置、管线走向,低压配电线路的配置,信息系统、自控系统与建筑外的信息传输方式,内部信息传输方式以及选用的设备,调查综合布线的情况。

### 3.4.3　现场勘察内容

　　——对直观可见的雷击受损情况拍摄现场照片,对于现场熔珠、熔痕导体,应近距离拍照并提取样品留作进行"金相法"检查。

　　——对于人及其他生物体伤亡应拍摄相关照片,必要时查阅医院或公安法医检验报告。

　　——听取现场相关人员的口头描述,宜取得其笔录,以了解事故发生时现场的情况。

　　——测量接闪器、引下线、接地装置及现场铁磁体的剩磁。

　　——查看受损设备现场状态,拍摄现场照片,对于能在现场观察到的雷击痕迹宜拆开设备外壳观察,对于现场难以判断设备损坏部位的情况,宜运用替换方法判断故障的准确部位。

　　——调查受雷击单位的防雷安全规程及执行情况,特别是化学危险品、易燃易爆场所的生产工艺流程和内部与安全有关的规章制度及执行情况。

　　——当探测资料确定的位置距离事故发生地 1 km 以上时,还应根据雷电流的热效应、机械效应、电磁效应和剩磁法、金相法等来判定雷击对事发地雷电灾害的影响。

## 3.5　其他需要调查的内容

### 3.5.1　气象因素的调查

　　——调查距雷电灾害发生所在地的邻近气象台(站)地面气象观测记录,包括:雷电发生时的日期及初始和终止时间、雷电移动路径,当时的风向、风速、降水量、云的类型等。并要注明气象台站与发生雷电灾害地点的水平距离、方位和气象观测人员的描述等。

　　——查阅气象卫星云图资料、天气雷达回波资料。

　　——查阅闪电定位系统的资料,包括雷电灾害发生的时间、位置、强度和极性等。

　　——查阅大气电场仪记录的电场强度、电场变化曲线等资料。

　　——查阅其他雷电探测资料。

### 3.5.2　历史因素的调查

——调查事发地及周边区域历史上及近年来雷击灾害资料。

——调查事发地的建筑物及相关设施等建设资料和历史变迁状况。

## 3.6　勘察记录

灾害现场勘察记录是分析和处理事故的重要依据,是具有法律效力的原始文书。记录主要由现场勘察记录、现场照相和现场绘图三部分组成,还可采用录像、录音等方式作为补充。

### 3.6.1　勘察笔录

(1)现场勘察笔记的结构和内容

现场勘察笔录可分为绪论部分、叙事部分和结尾部分。

①绪论部分。该部分主要写明事故单位的名称,雷击事故的时间、地点,报警人的姓名、报警时间、当事人的姓名职务,当事人、报警人发现雷击的简要经过;现场勘察负责人,现场勘察人员的姓名、职务,现场勘察见证人和现场保护人的姓名、职业;勘察工作起始和结束的日期、勘察程序、气象条件等。

②叙事部分。该部分主要写明雷击现场位置和周围环境、建筑结构和雷击前建筑物内设备安装使用、生产工艺及火灾与爆炸危险性等情况;建筑物、设备、物资破坏程度,人员伤亡和经济损失;雷击部位、雷击点及周围勘察所见情况;现场遗留的痕迹和物证等情况。

③结尾部分。该部分应说明所提取痕迹、物证的名称、数量;勘察负责人、工作人员签名、见证人签名。

(2)现场勘察笔录应注意的问题

①笔录记载的顺序应与勘察的顺序相一致,以免记载紊乱、遗漏和重复。

②现场勘察笔录应尽量详细记载勘察中所见的主要情况,不要描述那些对分析事故原因没有意义的事物。

③要实事求是,保证笔录的客观性。

④语句要确切,通俗易懂。不能使用模棱两可的词句,如"较近"、"可能"等。

⑤勘察中如果进行尸体外表检验、物证鉴定及模拟试验等,应单独制作记录,并在勘察笔录中要有扼要记载。

⑥反复勘察现场,均应依次补充笔录。

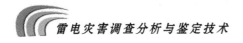
### 3.6.2　现场照相

现场照相能真实地反映出事现场原始面貌,它能客观地记录雷击现场上的痕迹、物证,现场照片是分析认定事故原因和处理责任者的主要证据之一,现场照相补充了现场勘察笔录的不足。

(1)现场照相的种类

根据现场照相所反映的内容,可将其分为方位照相、概貌照相、重点部位照相和细目照相。

①方位照相。这种照相反映的是整个雷击事故现场和周围环境情况,表明现场所处的位置、方向、地理环境及与周围事物的联系。这种照相反映的场景比较大,因此在选项拍摄地点时,一般要离现场远些、位置高些。在拍照中,要注意把代表现场特点的建筑物或其他永久性的物体,如车站、烟囱、道路、事故单位名称及门牌号码进行拍照,用以说明现场所处的方位。

②概貌照相。概貌照相是将整个事故现场或现场的主要区域作为拍摄的对象,从中反映出整个现场的雷击破坏情况。这种照相宜在较高的位置拍照,分别从几个位置记录现场上的雷击破坏分布、损害燃烧情况等,为分析雷击部位提供依据。

概貌照相反映的是现场的全貌和内部各个部位的联系,可以使人明确地了解现场的范围、雷击的主要物品、破坏的途径、雷击部位、破坏范围等,即全面反映整个现场情况。

③重点部位照相。重点部位照相主要反映事故现场中心区域,拍摄那些能说明雷击原因、雷击遗留下的物体或残迹以及它们所处的部位,例如雷击损害最严重的地方、炭化最重要的区域、金属熔珠等情况;对于雷击事故现场,要拍照记录防雷装置、残留物等的位置。

需要反映出物证大小或彼此相关物体间的距离时,可在被拍摄位置放置米尺。这种照相距被拍摄物体较近,又要反映物体和痕迹等之间的关系,所以应尽量使用小光圈,以增长景深范围,使前后景物影像清晰。要正确选择拍照位置,尽量避免物体、痕迹的变形。在照明方面,应用均匀光线,同时注意配光的角度,以增强其反差和立体感。

④细目照相。细目照相是拍照现场勘察中发现的各种痕迹物证以及对认定雷击点、雷击方式、雷击原因、事故责任有证明作用的现场局部状况,以反映痕迹与物证的大小、形状、质地、色泽、细部结构等特征。这种拍照一般在专项勘察中进行。

(2)现场照相的要求

①要了解现场情况,拟定拍照方案。到达现场后,应首先了解观察现场情

况,即对场内的各种物体、痕迹的位置和状况有概括的了解。以此为根据,确定拍照的程序、内容、方法,以便有条不紊地进行拍照。

②现场照片要能说明问题。对现场上的各种现场,特别是一些反常现场,要认真客观地拍照,以便反映出痕迹、物证、起火点等的特征并具有一定的证明作用。

③现场照片的排列能反映现场的基本情况和特点。排列顺序依现场具体情况而定。一般的排列顺序有:按照现场照相的内容和步骤排列,按照现场勘察的顺序排列,按照雷电波侵入破坏的途径排列。雷击事故现场照片无论采用哪一种方式排列,都必须连贯且中心突出地表达现场概貌和特点。

④要有文字说明。文字说明要求准确、通俗,书写工整,客观地反映现场实际情况。

### 3.6.3 现场绘图

现场绘图可准确地描绘出事故现场状况,现场痕迹与物证的尺寸、位置及相互关系等,起到文字照相、录像所起不到的作用。

(1)现场绘图的种类

根据绘图在事故调查中的用途,可将现场绘图分为现场方位图、全貌图、局部图和专项图。

①方位图。现场方位图主要表达现场在周围环境中的位置和环境状况,如周围的建筑物、道路、沟渠、树木、电杆等以及与事故现场有关的场所,残留的痕迹、物证等的具体位置都应在图中表示出来。方位图还可具体分为平面图、立面图、剖面图和俯视图。

②全貌图。全貌图主要描绘事故现场内部的状况,如现场内部的平面结构、设备布局、烧毁状态、起火部位、痕迹物证的具体位置以及与相关物体的位置关系等。

③局部图。局部图主要描绘雷击部位和雷击点,反映出与事故原因有关的痕迹、物证、现象和它们之间的相互关系。根据火灾现场的实际情况可绘出平面图、立面图和剖面图。

④专项图。专项图主要配合专项勘察、对痕迹、物证细微特征突出描述。

(2)绘制现场图的要求

①了解事故现场的情况、熟悉现场环境。在绘图之前应先了解事故发生发展的情况、现场破坏的状况、环境特征等。在整个事故现场获取一个完整的印象以后才能开始绘制,防止遗漏重要内容。

②可根据现场不同情况采取不同绘图方法。可以灵活采用比例图、示意图、比例和示意结合图等绘图方法,充分反映现场的情况。

③与勘察笔记记载相吻合。现场图上标记的雷击点,痕迹、物证等的原始位置要与现场勘察笔记的记载相吻合。

④规范化和标准化。绘图时要选用标准图例,绘图要符合绘图程序,比例尺寸合理、位置准确。

⑤有注文。绘图要注明图的名称、比例尺、方位、绘图说明,同时还要写明绘图日期、绘图人及审核人。

# 第 4 章
# 雷电灾害鉴定技术

## 4.1　雷电灾害鉴定的概念与分类

雷电灾害鉴定是指通过对事故现场勘察中发现并收集的各种痕迹与物证的审查、分析、检验和鉴定，并根据这种痕迹物证的本质特征，分析它的形成条件及雷击的联系，从而确定判定是否因雷击造成。雷电灾害鉴定主要有如下几种方法，即化学分析鉴定、物理分析鉴定、模拟试验、直观鉴定和法医鉴定等。

## 4.2　雷击鉴定对象作用与提取

雷电灾害的鉴定对象主要是事故现场的痕迹与物证。痕迹与物证是指一切能够证明雷击发生的痕迹和物品。包括由于雷击发生而使现场上原有物品产生的一切变化和变动。痕迹与物证是事故调查的重要证据之一，尤其是在缺少证人证言的现场勘察中更能起到决定性的作用。

痕迹本意应该是物体与物体相互接触，由于力的作用留在物体上的一种印痕。痕迹本身属于物证，但是有别于可以独立存在的实体物证。由于痕迹不能独立存在，它必须依附于一定的物体上，这个带有某种痕迹的物体也可称为物证。其所以被称为物证，就是因为在这个物体上存在具有某种证明作用的痕迹。

雷击过程是一个复杂的物理、化学变化过程。在这个过程中，有的物质由于雷击发生了本质变化，留下炭化、变形等痕迹；有的物质由于受雷击热效应和机械效应的作用发生了物理变化，出现了熔痕、变形、变色、断裂和倒塌等痕迹。此外，在被雷击的人体上也会留下痕迹。尽管事故现场错综复杂，物质种类繁多，燃烧形式各异，但归纳起来现场常见痕迹物证有：炭化痕迹、熔化与变形痕迹、破裂痕迹、变形痕迹和人体灼伤痕迹。

研究事故痕迹与物证,就是要研究每种痕迹和每种物证的形式过程,找出它们的本质特征,并利用这种特征证明雷击发生的事实真相。认识了它们的形成过程、特征及证明作用,也就基本掌握了鉴定的原理和一些鉴定方法,此外,还应该知道到哪里寻找它们,用什么方法提取和固定,提取的痕迹物证如何保存及后处理方法等。因此,每种痕迹物证都应该对以下几个方面进行研究:(1)形成机理及遗留过程;(2)本质特征;(3)证明作用;(4)发现、提取与固定;(5)临场鉴定方法;(6)实验室检验;(7)模式试验。

从各种痕迹物证形成机理来看,由于雷击事故的作用形式不同,形成痕迹物证的原物品的物理、化学性质不同,在事故中有的主要是发生化学方面的变化,有的主要是发生物理方面的变化,也有的兼而有之。各种痕迹物证的形成和遗留都存在一般的规律性和其特殊性,研究痕迹与物证的形成规律,尤其是它的特殊性,是解决事故现场勘察问题的关键。

### 4.2.1　作用

事故现场的种种痕迹与物证,根据不同的形成遗留过程和特征可分别直接或间接证明事故发生时间、雷击点位置、事故原因、事故危害结果及责任等。通过那些能够证明雷击点位置以及事故原因的痕迹物证,就可以确定灾害是否因雷击引起。

对于一种痕迹或物证来说,它可能起到某种证明作用,但是这种证明作用并不是在任何现场上都体现。因此,有的痕迹或物证在某个现场上只能起到一种证明作用,甚至没有任何证明作用。当然没有证明,也就不能成为这个现场的物证。

依靠某一种痕迹就证明某个事实,有时是很不可靠。在利用痕迹和物证证明的过程中,必须利用多种痕迹与物证及其他证据共同证明一个问题,才能保证证明结果的可靠性。例如,窗户玻璃破坏痕迹的特征说明是雷击造成的,闪电定位系统监测到雷击时发生闪电,又有人目击闪电击到窗户玻璃。几种证据证明内容一致,它们共同证明了一个事实,那么此窗户玻璃遭受雷击就确定无疑了。

在事故现场上还可能发现两种痕迹,或者某种痕迹与其他证据所证明事实相反。这时,要反复认真研究它们的形成过程、主要特征,最终合理解释这种特异现场。或者再寻找其他方面的证据,对比各种证据作用的共同部分,综合分析得出结论。

有的痕迹或物证能够作初步判断和否定某些情况,这本身也是一种证明作用,因为它揭示了假象和判断中的错误。因此,现场勘察中尤其要注意对这种证据的发现与研究。

### 4.2.2　提取

在进入现场实地勘察、寻找痕迹物证之前,必须向有关人员了解事故原因、雷击点以及灾害损坏的情况,充分掌握了现场情况以后,再进入现场实地采痕取证。

提取痕迹物证的方式主要有笔录、照相、绘图和实物提取四种。在实际工作中这几种方法要结合进行。例如,要在现场上提取一个实物证据,则要在现场笔录中说明这个物证在现场中所处的具体位置,包括这个物证与参照物的距离、物证各方面的朝向及物证特征等;并且从物证不同的侧面拍照,固定其在现场的位置,以照片记录它的外观形象;在绘图中也要体现这个物证的位置及与其他物证的相互联系。只有进行了上述工作后,才能对物证进行提取。另外,在笔录中还应注明实物证据的提取时间,提取时的气象条件、提取方法及提取人等。

痕迹与物证按其形态可分为固、液、气三态。有时气态物证被吸附于固体、溶解于液体中,有的液体物证侵润在纤维物质、建筑构件或泥土中。

事故现场经常提取的物证主要是固体实物,如电线,有关的开关、插销、插座,自然物质的炭化结块等。对于比较坚固的固体物证,在拍照、记录后可直接用手提取。

现场上所提取的任何物证都要仔细包装,除在勘察笔录中有所说明外,还应在包装外表贴上标签,注明物证名称、提取的现场、试样采取的具体位置、提取时间及提取人等。对于现场发现的需要进一步分析和鉴定的实物证据,应当尽量保持它的原有状态,在条件允许时,应在现场原位置保留,暂不要移动,以备再次勘察和深入分析。对于试样类的物证尽量取双份,以备复检。

## 4.3　化学分析鉴定

### 4.3.1　化学分析鉴定的概念

化学分析鉴定是以测定现场残留物的化学组成及化学性质为主要目的的一种鉴定。

### 4.3.2　化学分析鉴定内容

化学分析鉴定主要有以下内容:

分析起火点残留物中是否含有可燃性、易燃性、自燃性气体、液体或固体的成分,测定含有什么具体物质;

测定混合物中各种物质的含量；

测定某种物质的热稳定性、氧化温度、分解温度及其发热量；

测定某种物质的闪点、自燃点；

测定某一生产过程中能否产生不稳定的、敏感性物质；

测定某一物质在某一温度下发生怎样的化学变化，反应程度如何；

测定某一物质的自燃条件。

通过对现场残留物的化学分析可以达到两个目的：一是根据残留物、产物分析现场存在的是什么物质，有无危险性，在什么条件下造成火灾或爆炸；二是根据现场某些物质是否发生化学反应及其程度来判断火场温度。

根据分析原理，化学分析鉴定具有化学分析方法和仪器分析方法两种：

以化学反应为基础的分析方法是称为化学分析方法。化学分析的优点是所用仪器设备简单，测定结果准确高；缺点是分析速度比较慢，灵敏度低，一般要求被测组分的含量在 1% 以上。

用仪器测量试样的光学性质、电化学性质等物理化学性质而得出待测组分及其含量的方法称为仪器分析方法。仪器分析的优点是操作简单、迅速、灵敏度高，能够准确地检测出试样中的微量和痕量成分。

有的火灾或爆炸现场由于燃烧比较彻底，特别是爆炸事故和火灾事故的起火部位损坏更为严重。对于吸附于固定物质上的微量气体，侵润在泥土里的微量液体，对其分离后利用仪器分析方法便可很快测知其组分。

### 4.3.3　中性化检验

受雷击而未经过火烧的混凝土构件，其水泥在雷电高温作用下氢氧化钙会转变成中性的氧化钙，通过检验雷击部位混凝土构件的碱性，即可判断水泥受雷击高温作用情况。

混凝土是由水泥、骨料(沙子、碎石或卵石)和水按一定比例混合，经水化硬化后形成的一种人造石材。其中，水泥主要有普通水泥、矿渣水泥和火山灰水泥三大类。水泥性质和它的矿物组成之间存在着一定关系，在相同细度和石膏渗入量的情况下，硅酸盐水泥的强度主要与 $C_3S$ 的 $C_2S$ 含量有关。水泥经与水混合固化后，硬化水泥中包括五种有效成分：水化硅酸钙($3CaO \cdot 2SiO_2 \cdot 3H_2O$)、水化铝酸钙($3CaO \cdot Al_2O_3 \cdot 6H_2O$)、水化铁酸钙($CaO \cdot Fe_2O_3 \cdot H_2O$)、氢氧化钙 $Ca(OH)_2$ 和碳酸钙 $CaCO_3$。其中，碳酸钙是由于水泥中的 $CaO$ 与 $H_2O$ 反应生成的产物 $Ca(OH)_2$ 部分处于水泥表层而暴露于空气中，与空气中的 $CO_2$ 产生反应而得到的产物。在完全水化的水泥中水化硅酸钙约占总体体积的 50%，氢氧化钙约占 25%，pH 值约为 13。骨料是混凝土的主要成型材料，约占混凝土总体积的 3/4 以上。一般把粒径为 0.15～5 mm 的称为细骨料,如沙子等;把粒径大于 5 mm 的称为粗骨料,如碎石或卵石等。固化后水泥成分含有一定数量的氢氧化钙,因此水泥会发生碱性反应。经火灾作用后,水泥中氢氧化钙若发生分解,挥发出水蒸气,则留下产物氧化钙。氧化钙在无水的情况下显示不出碱性。

因此,用无水乙醇酚酞试剂对受火的混凝土检测,根据检测的中性化深度推断混凝土受火的温度和时间。具体方法是:在选定的部位去掉装饰层,将混凝土凿开露出钢筋,除掉粉末,然后用喷雾器向破损面喷洒 1% 的无水乙醇酚酞溶液,喷洒量以表面均匀湿润为准,稍等一会儿便会出现变红的界限,从混凝土表面用尺子测出变红部位的深度,此深度即为中性化深度。通常受热时间越长、温度越高,则中性化深度越大。

这是化学分析鉴定的主要理论依据。化学分析鉴定的主要方法除中性化深度的测定外,还包括 $CO_2$ 含量、游离 $CaO$ 含量、水泥热失重及 $CaO$ 晶体大小的测定等。

## 4.4　物理分析鉴定

物理分析鉴定是对物质物理特性的测定。如金属材料的力学性能测定、金相分析、断面与表面分析以及物质磁性、导电性的测定等。

### 4.4.1　金相分析

金相法是根据铜、铝等金属导线在不同的环境气氛中其金相显微组织的不同变化来判别这种变化的原因。铜铝导线无论是受到雷击作用或火灾作用熔化还是短路电弧高温熔化后,除全部烧失外,一般均能查找到残留熔痕(尤其是铜导线),其熔痕外观仍具有能代表当时环境气氛的特征。

由于雷击电流非常强大,在雷击点和雷电的流通路径上,往往会造成金属或非金属物体的熔化和烧蚀。对雷击点附近的金属熔化痕迹进行金相分析,根据其金相组织特征分析确定是否为电热熔化痕迹,判定是否发生雷击。

建筑物金属构件或设备受到雷击,由于雷电作用温度远远高于火场的火烧温度,且作用时间短(直击雷主放电时间一般为 0.05~0.1 ms,总放电时间不超过 100~130 ms),故只能造成金属表面的熔化,熔痕的金相组织致密细小,类似电熔痕,可以与火烧痕区别开。

#### 4.4.1.1　金相分析的原理

一次短路熔痕和二次短路熔痕同属于瞬间电弧高温熔化,具有冷却速度快,熔化范围小的特点,但不同的是前者短路发生在正常环境气氛中,后者短路发生在烟火与温度的气氛中,而被通常火灾热作用熔化的痕迹,其时间、温度又均与短路不同,它具有温度持续时间长,火烧范围大,熔化温度低于短路电弧温度的特点。虽然都属于熔化,但由于不同的环境气氛参与了熔痕形成的全过程,所以保留了熔痕形成时的各自特征,其呈现的金相组织亦有各不相同的特点。

### 4.4.1.2 金相分析的方法步骤

金相试样的设备包括选取—镶嵌—磨制—抛光—侵蚀等几个步骤,忽视任何一道工序都会影响组织分析和检验结果的正确程度,甚至造成误判。

(1)试样制备

制备好的试样应具备:组织有代表性,无假象,组织真实,无磨痕、麻点或水迹等。

(2)试样选取

提取试样时,必须选择有代表性的部位,应根据火灾现场的实际情况,确保提取有熔痕、蚀坑等可供鉴定的部位和痕迹。

(3)取样部位

可在导线有熔化痕迹和有蚀坑痕迹处取样及在其附近的正常部位取样进行横、纵截面检验比较;横向截面是观察熔痕的显微组织精粒度情况,纵向截面是观察熔痕与导线间过渡区的显微组织变化情况。

(4)试样尺寸

取样:直径为 12 mm,高为 10 mm 的圆柱体或为 12 mm×12 mm×10 mm 的方柱体的不同金属材质。对现场提取的形状特殊或尺寸细小不易握持的遗留物试样,可进行镶嵌。

(5)试样提取

对于细小的试样可用钳子切取;较大试样可用手锯或切割机等切取,必要时也可用气割法截取。但烧割边缘必须与试样保持相当距离,不论用哪种方法取样均应注意试样的温度条件,必要时用水冷却,以避免试样因过热而改变其组织。

(6)清除污垢

若提取的试样表面沾有油渍,可用苯等有机溶剂溶去,生锈的试样可用过硫酸铵$(NH_4)_2S_2O_8$ 或磷酸洗净。至于其他简便取油除锈的方法亦可应用。

(7)镶嵌

若试样过小或形状特殊时,可采用下列方法之一镶嵌试样。

①塑料或电木粉镶嵌法

可用电木粉、透明电木粉或透明塑料粉在镶嵌机上镶嵌。用电木粉时,加压(170~250)×9.8×10⁴ Pa,同时加热至 130~150 ℃,保持 5~7 min,随后慢冷至 75 ℃左右,然后水冷却即成透明镶嵌物。用塑料镶嵌时,其温度、压力及保温时间,视采用塑料粉的性质而定,保温以不改变试样的原始组织为宜。

②快速镶嵌法

用快速自凝牙托水(甲基丙烯酸甲酯)和自凝牙托粉镶嵌法:首先将直径为 12 mm 的圆柱体紫铜管(或其他材质管材也可)置于玻璃板上,然后将试样放在模具底部,再将快速自凝牙托水和自凝牙托粉按一定比例混合调匀,成糊状时,注入模具内;在冬季室温较低时,可用电吹风加热促使其快速凝固,夏季室温较高时,可以自然凝固;待凝固后,将模具除掉,即成镶嵌好的试样。

③其他方法

除以上两种方法外,亦可将试样镶铸于低熔点的物质中。如硫黄、火漆、焊接合金(50％锡和 50％铅)或武氏合金(由各 50％、25％、12.5％和 12.5％的铋、铅、锡和铬组成)、有机塑料以及其他有效而不会使组织改变的镶嵌方法也可以应用。

(8)试样的研磨

试样在砂纸上磨制时,用力不宜过大,每次磨制的时间也不可过长,以免变形,用预磨机细磨时,必须边磨边用水冷却,以免磨面过热引起变形。

①研磨程序

准备好的试样,先在预磨机上依次在由粗到细的各号砂纸上磨制。从粗砂纸到细砂纸,每一次换砂纸时,试样均须转 90° 与旧磨痕成垂直方向,向一个方向磨至旧磨痕完全消失,新磨痕均匀一致时为止。同时每次用水将试样洗净吹干,手亦同时洗净,以免将粗砂粒带到细砂纸上。

②粗抛光

经粗磨后的试样,可移到有平呢、台呢或细帆布的抛光机上进行粗抛光。磨盘的直径可为 200～250 mm,转速可为 400～500 r·min$^{-1}$,抛光粉可用细氧化铝粉或碳化硅粉粉等,抛光时间约为 2～5 min,抛光后可用水洗净吹干。

③细抛光

经粗磨后的试样,可移至装有天鹅绒或其他纤维细致均匀的丝绒抛光盘上进行精抛光。抛光盘直径可为 200～250 mm,转速为 400～1 450 r·min$^{-1}$,抛光粉用经水选的极细氧化铝粉、氧化镁粉或人造金刚石研磨膏等。一般抛光到试样上的磨痕完全除去而表面像镜面时为止。抛光后除用水冲净外,建议侵以酒精,再用电吹风吹干,使试样的表面不致有水迹或污物残留。

④抛光注意事项

试样在抛光盘上精抛时,用力要轻,须从盘的边缘至中心抛光,并不时滴加少许磨粉悬浮液(用氧化镁粉时应用蒸馏水悬浮液)或不时滴加少量煤油。绒布的湿度以将试样从盘上取下观察时,表面水膜能在两三秒钟内完全蒸发消失为宜。在抛光的完成阶段可将试样与抛光盘的转动方向成相反方向抛光。

试样在抛光时,若发现有较粗的磨痕不易去掉或经抛光后的试样在显微镜下观察发现有凹坑等情形而影响检验结果时,试样应重新磨制。

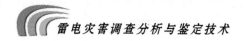

(9)试样的侵蚀

精抛后经显微镜检查合适的试样,便可浸入盛于玻璃皿的侵蚀剂中进行侵蚀或揩擦一定时间。侵蚀时,试样可不时地轻微移动,但抛光面不得与皿的底面接触。

①侵蚀时间

侵蚀时间视金属的性质、侵蚀液的浓度、检验的目的及显微镜的放大倍数而定。通常高倍观察时,应比低倍观察侵蚀略浅一些。一般由数秒至 30 min 不等,以能在显微镜下清晰显示出金属组织为宜。

②侵蚀

侵蚀完毕后即刻取出,并迅速用水洗净,表面再用酒精洗净,然后吹干。

若侵蚀程度不足时,视具体情形可继续进行侵蚀,或在抛光盘上重抛后再行侵蚀。若侵蚀过度时,则须在磨盘或砂纸上重新磨好后再行侵蚀。

经过侵蚀后试样表面有金属扰乱现象,原组织不能显示出时,可在抛光盘上轻抛后再行侵蚀。一般如此重复数次,扰乱现象即可除去。扰乱现象过于严重,用此法不能全部消除时,则试样须重新磨制。

(10)侵蚀剂

建议采用的铜导线和铝导线及钢铁金属常用的化学侵蚀剂见表 4.1。

表 4.1 金相侵蚀剂的配比

| 品名 | 侵蚀剂配比 | | 侵蚀时间 |
|---|---|---|---|
| 铜导线 | $FeCl_3$ | 5 g | 6～8 s |
| | HCl | 50 mL | |
| | $H_2O$ 或 $(C_2H_5OH)$ | 100 mL | |
| 铝导线 | NaOH | 1～2 g | 数秒 |
| | $H_2O$ | 100 mL | |
| 钢铁类 | $HNO_3$ | 2～4 mL | 数秒 |
| | $C_2H_5OH$ | 98～96 mL | |

(11)显微组织检验

金相检验可用各种类型金相显微镜。显微镜应安装于干燥无尘室中,并安置于稳定的桌面或基座上,最好附有减震装置。

①试样检验

试样检验包括侵蚀前及侵蚀后的检验。侵蚀前主要检验试样的光洁度和磨痕,侵蚀后主要检验试样的显微组织。

②试样观察

在显微镜下观察试样时,一般先用 50～100 倍放大倍数,当观察细微组织时,再换用高倍率。

③观察试样注意

取用镜头时,应避免手指接触透镜的表面。

取用镜头时应特别小心,用毕即放入盒内原处。

物镜与试样表面接近时,应用细调节器调节;调节时应注意物镜镜头不与试样接触。

镜头表面有污垢时,应先用细软毛笔或无脂的羽毛拂拭,然后用擦镜纸或软鹿皮擦净,必要时可用二甲苯洗擦。

镜头应贮存于干燥洁净的处所,显微镜不使用时需用防尘罩盖起。

(12)显微照相

准备作显微照相的试样,应精细磨制,保持清洁。试样的侵蚀程度视照相放大倍数而定。

①放大倍数

照相放大倍数一般为 50～1 500 倍。镜头的选择,视所需要放大倍数而定(依照显微镜说明书适当选配)。在低倍放大率(100 倍)情况下,显微镜上使用三棱反射光线以增加亮度及衬度;高倍率时,用平玻璃反射镜以增加分辨率。

②光源

照相使用的光源需调整适宜。所发出的光线需稳定和有足够的强度。照相时应调节光源与聚光的位置,使光束恰好能射入垂直照射器进口的中心,使所得到的影像亮度强弱均匀一致。

③滤光镜

滤光镜应依照物镜的种类而定。若为消色差镜头时,用黄绿色滤光片;若为全消色差镜头时,则用黄、绿、蓝色滤光片均可。

④试样放置

试样应平稳地放在显微镜载物台上,使其平面与显微镜光轴垂直。试样放置后,移动载物台,选择样品上合适的组织部位,并调整显微镜焦距,使影像清晰。

⑤光圈调节

显微镜的孔径光阑(即光圈)须调节至适当大小,使显微镜所见到的影像最清晰;显微镜的视场光阑(即光圈)须调节至适当大小,使影像的光亮范围能在底片大小范围内,从而得到最佳的影像反衬。

⑥曝光时间

底片的曝光时间依试样情况(金属种类及侵蚀与否)、底片性质和光亮强弱等因素而定。必要时可用分段曝光法先行试验,自动曝光则可不用考虑。

(13)显影和定影

①显影

依照底片的种类选择适当的显影液。显影的温度及时间,应按照底片说明书的规定进行,一般的显影温度为 20 ℃左右。

②定影

定影的温度应在 23 ℃以下。底片在定影液内停留的时间一般为 20～
30 min。定影后的底片用流动清水清洗不少于 30 min,然后在无尘的室内晾
干。若室温超过 23 ℃,为免除底片软化起见,可于显影后定影前经过加硬手
续。普通在 2‰铬明矾[$KCr(SO_4)_2 \cdot 12H_2O$]与 2‰酸性亚硫酸钠[$NaHSO_3$]
之水溶液中停留 3～5 min。底片在显影及定影时,有乳胶的面必须向上。底片
须完全浸入溶液内,并时常晃动。

(14)晒相

晒相时应依照底片的情况,灯光的强弱选择适当号数的相纸及曝光时间。
曝光时间应注意不要太短和太长,应使底片上较暗部分的细致影像线条清晰显
示出为度。

①晒相后的显影

按照相纸的种类而选的显影液,显影时间一般为 1～3 min 左右。

②晒相后的定影

显影后相纸可在含有 1.5%醋酸($CH_3COOH$)水溶液中微浸之,以中和碱
性显影液终止显影作用,然后将相纸浸入定影液中进行定影;相纸在显影液及
定影液内时,乳胶面均须向上,并使其完全浸入溶液内。相纸在新鲜定影液中
停留的时间为 15 min 左右,若为旧定影液则可酌量延长时间。定影后的相片
应在流动清水中漂洗 12 次,每次约 5 min,然后烘干。

### 4.4.1.3　熔痕的金相特征分析

(1)火烧熔痕

火烧熔痕的金相组织呈现粗大的等轴晶,无空洞,个别熔珠磨面有极少缩
孔(多股导线熔痕除外)。

(2)一次短路熔痕

一次短路熔痕的金相组织呈细小的胞状晶或柱状晶结构;熔珠金相磨面内
部气孔小而较少,并较整齐;熔珠与导线衔接处的过渡区界限明显;熔珠晶界较
细,空洞周围的铜和氧化亚铜共晶体较少、不太明显;在偏光镜下观察时,一次
短路熔珠空洞周围及洞壁的颜色不明显。

(3)二次短路熔痕

二次短路熔痕的金相组织被很多气孔分割,出现较多粗大的柱状晶或粗大
晶界;熔珠金相磨面内部气孔多而大,且不规整;熔珠与导线衔接处的过渡区界
限不太明显;熔珠晶界较粗大,空洞周围的铜和氧化亚铜共晶体较多,而且比较
明显;在偏光镜下观察时,二次短路熔珠空洞周围及洞壁呈鲜红色、橘红色。

在较复杂的情况下对一次短路熔痕和二次短路熔痕进行判定时,须结合宏

观法、成分分析法和火灾现场实际情况等综合分析判定。

**4.4.1.4　模拟雷电流冲击下金属导线的金相特征**

(1)雷电冲击试验

分析金属材料遭受雷击后的变化特性,首先是要选取金属材料进行模拟雷电流冲击试验,然后对冲击前后该金属材料的金相组织进行对比研究。

①试验模型及所需的仪器设备

本试验原理图如图 4.1 所示,采用逐步升压提高冲击电流的方法。

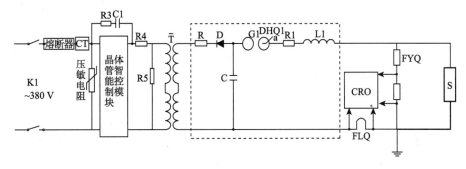

图 4.1　冲击电流试验原理图

K1:主接触器开关;R3 和 C1:过热保护装置;R4 和 R5:变压器限流电阻;T:升压变压器;R:充电电阻;D:整流硅堆;C:充电主电容($10 \times 3 \ \mu F$);G1:放电球隙(受空气压缩机控制);R1,L1:调波电阻和调波电感;FYQ:电阻分压器;FLQ:管式分流器(量程:0~250 kA);CRO:高压数字示波器;S:冲击耐受试验试品。

②试验样品

选取同批次同型号的 $\phi 8$ 圆钢 4 根,$\phi 4$ 圆钢 4 根,6 mm$^2$ 单股铜芯线 4 根,每根长度均为 1 m。依次标记为Ⅰ,Ⅱ和Ⅲ组,每组分别编号①,②,③和④。其中Ⅰ,Ⅱ和Ⅲ组的①号试样不进行冲击试验,作为对比观察试样。

③试验过程

逐步调升冲击电流发生器电压,产生大冲击电流对Ⅰ,Ⅱ和Ⅲ组的②~④号试样分别进行冲击,每次冲击后测得冲击电流幅值如表 4.2 所示。

表 4.2　冲击电流幅值

| 　　　　　　试样类型<br>电流幅值 | ②号样品(kA) | ③号样品(kA) | ④号样品(kA) |
|---|---|---|---|
| $\phi 8$ 圆钢(Ⅰ组) | 108.97 | 110.58 | 114.31 |
| $\phi 4$ 圆钢(Ⅱ组) | 112.86 | 113.64 | 109.75 |
| 6 mm$^2$ 单股铜芯线(Ⅲ组) | 114.18 | 112.16 | 107.62 |

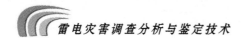

冲击波形如图 4.2 所示,冲击电流达 116.31 kA。

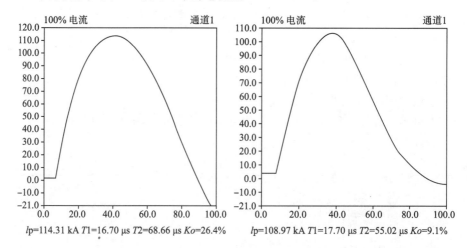

$I$p=114.31 kA $T$1=16.70 μs $T$2=68.66 μs $K$o=26.4%    $I$p=108.97 kA $T$1=17.70 μs $T$2=55.02 μs $K$o=9.1%

图 4.2　冲击电流波形

(2)金相组织分析试验

在冲击试验结束后,在距模拟雷电流冲击点 5 cm 处取样进行金相检验,试样的编号与进行冲击试验前的编号一致。同时,对未进行冲击试验的试样采用同样方法进行金相检验。

①试样准备

根据《定量金相测定方法》(GB/T 15749—2008)、《金属显微组织检验方法》(G3B/T 13298—1991)的规定,先进行清洗,砂轮进行粗磨,然后用砂纸进行细磨,最后采用机械抛光方法进行抛光,并经过镶嵌后,制成适合在扫描电子显微镜上进行测量的样品,厚度为 2 mm。

②金相检验

金属材料的性能取决于它的成分、结构和组织,材料成分一定后,金属的许多性能将由结构和组织决定,甚至某些微观缺陷的存在也影响材料的性能。金属组织检验是指观察金属材料内部,对晶粒大小、形状、种类、各种晶粒间的相对数量和分布以及宏观、微观缺陷等进行的检测。

金属组织检验分低倍组织检验、高倍组织检验和电镜显微组织检验。本文选用的是电镜显微组织检验也叫精细组织检验,分辨能力达 $10^{-6} \sim 10^{-7}$ cm,用于检验材料的细微组织结构。

③扫描电子显微镜检测

采用 TESCAN VEGAII LMU 扫描电子显微镜,进行加电测量,对每个样品的局部表面放大 1 000～5 000 倍观察并显微照相,观察样品金相组织变化情况,放大 2 000 倍的结果如图 4.3 所示。

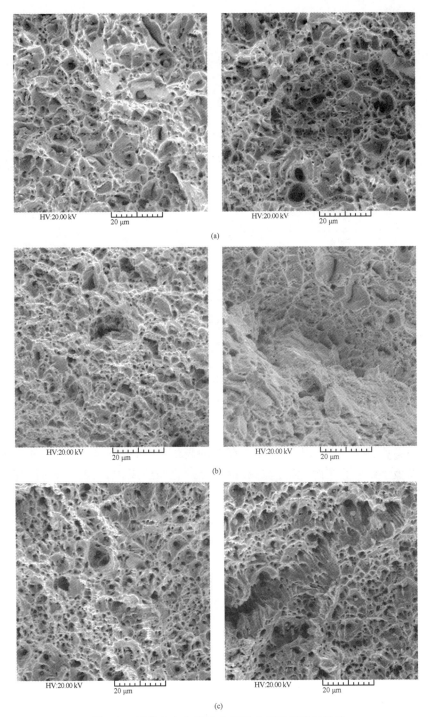

图 4.3  试样在大电流冲击前后金相组织裂纹缺陷

(a)$\phi$8 圆钢  (b)$\phi$4 圆钢  (c)6 mm² 单股铜芯线

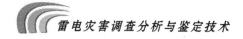 

④金相组织变化测量

通过扫描电子显微镜对样品检测,可以看出 $\phi8$ 圆钢、$\phi4$ 圆钢和 6 mm² 单股铜芯线在经过大电流冲击后,其金相组织结构发生一定变化,金属组织内部裂纹缺陷增多了一部分。经过测算,得出裂纹缺陷增多的比例(如图 4.4 所示)。即:金属内部金相组织结构明显变化,产生的缺陷不同程度的增多,使得金属材料的相关性能也发生变化;对相同材质的金属材料,经过大电流冲击后,内部金相组织结构变化幅度与其截面积大小成反比;就常见的作为防雷装置的圆钢和铜芯线来说,经过大电流冲击后,铜芯线内部金相组织结构变化较圆钢要大。

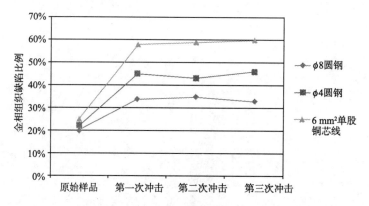

图 4.4    经大电流冲击不同金属材料金相组织裂纹缺陷变化

金相检验是一种常规的实验分析方法,它在失效分析中能提供被检材料的大概种类和组织状况。从失效件上存在的裂纹,通过光学金相,大致可看出裂纹的发生及延伸分布的特征以及裂纹两侧的显微组织,来判断裂纹的性质,从而可提供裂纹的产生原因,为雷击事故的鉴定提供依据。

### 4.4.2    剩磁检验

#### 4.4.2.1    剩磁检验的定义

剩余磁感应强度是指磁体从磁化至技术饱和并去掉外磁场后,所保留的磁感应强度,称为剩余磁感应强度。剩磁数据是指铁磁体被导线短路电流及雷电流形成的磁场磁化后所保留的磁性数值,单位为毫特斯拉(mT)。

剩磁检测是用于鉴别可能由雷击或较大电流短路造成的火灾的一种方法。

#### 4.4.2.2    剩磁检验的原理

由于电流的磁效应,在电流周围空间产生磁场,处于磁场中的铁磁体受到磁化作用,当磁场逸去后铁磁体仍保持一定磁性。

处于磁场中的铁磁体被磁化后保持磁性的大小与电流的大小和距离有关。

通常导线中的电流在正常状态下,虽然也会产生磁场,但其强度小,留在铁磁体上的剩磁也有限。当线路发生短路、雷击或建筑物遭受雷击时,将会产生异常大电流,从而出现具有相当强度的磁场,铁磁体也随之受到强磁化作用,保持较大的磁性。

在雷电灾害现场中,当怀疑灾害是由雷击引起,而又无熔痕可作依据时,则采用对导线及雷击周围铁磁体进行剩磁检测的方法,依据剩磁的有无和大小判定是否出现过短路及雷击现象,为认定灾害原因提供技术依据。

### 4.4.2.3 剩磁检验的仪器

(1)在实验室或现场勘查中通常使用的检测仪器。

(2)特斯拉计:量程为 $0\sim100$ mT,精度为 $\pm2.5\%$,使用温度为 $+5\sim+40\ ℃$。

(3)剩磁测试仪:测量范围为 $0\sim200$ mT,分辨率为 $0.1$ mT,环境条件为 $+5\sim+40\ ℃$。

(4)工具

取样工具、采样袋和试样封装袋;

清洗工具、毛刷、镊子等;

酒精和丙酮等清洗溶剂。

### 4.4.2.4 样品

(1)试样种类

铁钉和铁丝;

穿线铁;

白炽灯、荧光灯灯具上的铁磁材料;

配电盘上的铁磁材料;

人字房架(有线路)上的钢筋、铁钉;

设备器件及其他杂散金属,但以体积小的为宜。

(2)试样提取

①对可能有雷电产生的现场,根据实际情况进行提取,不受部位限制;

②在提取试样之前应进行现场拍照,拍照应包含试样方位、状态和形态;

③提取试样的注意事项:

对固定在墙壁或其他物体上的试样,提取时不应弯折、敲打和摔落;

宜提取受火烧温度较低的试样;

对位于磁性材料附近的试样不应提取;

经证实该线路过去曾发生短路时,不应提取;

如因不便提取时可以在试样的原位置进行检测。

(3)应将提取的试样装入采样袋内妥善保管,注明试样名称与提取位置,不

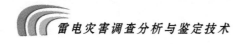

应与磁性材料或其他物件混放在一起。

4.4.2.5 剩磁检验的方法步骤

(1)测量前用水及溶剂清除试样表面的炭灰、污垢。

(2)按仪器使用说明,接通电源并校准仪器。

(3)测量操作:

①根据试样不同选择测量点,如铁钉、铁管、钢筋的两端,铁板的角部,杂散铁件的棱角及尖端部位;

②将探头(霍尔元件)平贴在试样上,缓慢改变探头的位置和角度进行搜索式测量,直到仪表显示稳定的最大值为止;

③探头与试样接触即可,不应用力按压;

④测量后按试样分别做好记录。

4.4.2.6 剩磁检验的判据

(1)数据判定

①避雷针尖端剩磁为 $0.6 \sim 1.0$ mT。

②雷电通道的杂散铁件、钉类、钢筋及金属管道的剩磁数据均在 $1.5 \sim 10$ mT 之间。

③雷电流垂直通过 1 m×2 m 铁板,铁板四角剩磁为 $2.0 \sim 3.0$ mT。

④当避雷线上流过 20 kA 电流时,避雷线上预埋支架、U 型卡子剩磁数据为 $2.0 \sim 3.0$ mT。

(2)对比判定

当现场中处于不同部位的相同设施上均有电气线路通过时,测量线路附近设施上金属构件剩磁数据,通过对比所测剩磁数据的有无,判定具有剩磁数据的设施上通过的导线曾发生过短路。

(3)磁化规律判定

①磁化规律。铁磁体磁性的强弱与其距导线(短路点)的距离有关,距导线越近其磁性越强。

②判定。测量时如能发现剩磁值由强到弱的变化规律,再结合所测的数据,可进一步判定该导线是否曾发生过短路。

4.4.2.7 运用剩磁法应注意的几个问题

(1)首先要确定灾害发生时是否有雷电现象

要调查距雷电灾害发生所在地邻近气象台(站)地面观测记录,包括:雷电发生时的日期及初始和终止时间、雷电移动路径、风向、风速、降水量、云的类型及气象台站与发生雷电灾害地点的水平距离、方位和气象观测人员的描述等。

对于重大事故还要进一步查阅气象卫星云图资料、天气雷达回波资料、闪电定位资料(雷电灾害发生的时间、位置、强度和极性)、大气电场仪记录的电场强度及电场变化曲线等资料。

(2)必须能排除现场铁磁体被其他原因磁化的可能性

要认真勘察附近是否有线路短路,有无磁场源等。对于剩磁不明显的可能由雷电波侵入造成的雷击灾害或无法排除基础剩磁值时,不能通过剩磁测试分析直接鉴定雷击灾害,应根据现场勘察情况综合分析判断。

在判断、分析过程中,必须以雷电物理、电磁学等理论做指导,以防雷规范标准为准绳,以事实为依据,逻辑严谨,科学分析,排除造成以上现象的其他可能性,确定雷击是唯一的外因,才能判定灾害是雷电灾害,否则,不能确定灾害是由雷电造成的。

(3)第一时间寻找雷击点和提取保存雷击痕迹物证

一般情况下,雷击电流按就近的原则沿导体流动;在无导体的地方,选择电阻率小的通路流动,并在通路上留下电效应、热效应、机械力和磁效应的一些痕迹。如:熔化、烧蚀、烧焦、炸裂、脱落、炸断、弯曲变形、倒塌、击穿空洞、火花放电痕、烧焦炭化、多处熔断、喷溅熔珠、树木劈裂、铁质材料被磁化、伤痕和地面坑状等痕迹。

对现场的铁磁物体(如铁、钴和镍),应及时提取样品,进行剩磁测试,并记录剩磁数据及分布状况。在现场搜集到的所有物件均应保持原样并贴上标签,注明地点、时间和位置等,以供鉴定使用,对健康有危害的物品,应尽量采取不损坏原始证据的安全防护措施。

(4)测量时要注意发现剩磁值由强到弱的变化规律

铁磁体磁性的强弱与其距导线(短路点)的距离有关,距导线越近其磁性越强。所以与雷电有关的剩磁数值与被测试体距雷电主通道的位置有关,一般有由强到弱的规律。雷电主通道附近的金属物体剩磁数值最强,测量的剩磁数据越大,定性越准确。测量时如能发现剩磁值由强到弱的变化规律,再结合所测得数据,可进一步判定该导线是否曾发生过短路。

(5)雷电可能直接击中受灾物体,也可能落在受灾物体附近区域或物体上

调查雷击点时应仔细、耐心提取受灾物体及相关物体上遗留下来的各种与雷击有关的物理迹象、数据等,尤其是一些体积较小、独立的铁磁体如铁钉、铁丝等。

(6)重大直击雷事故可结合金相法进行鉴定分析

由于雷电流非常强大,在雷击点和雷电的流通路径上,往往会造成金属或非金属物体的熔化和烧蚀。对雷击点附近的金属熔化痕迹可以进行金相分析,根据其金相组织特征分析确定是否为电热熔化痕迹,进一步判定是否发生雷击。

#### 4.4.2.8　应用实例

2009年8月4日,石家庄市西兆通镇一村民自建房屋倒塌造成17人死亡3人受伤的重大事故。雷电灾害调查小组综合现场情况及多因素调查分析,最终判定该建筑物倒塌前遭受直接雷击,主要依据有几点。

天气实况:据石家庄市气象局的观测记录,石家庄当日08:04—09:52出现雷暴天气。省气象台闪电定位资料显示:石家庄东北角事故现场附近在09:10—09:15之间有过3～4次闪电记录,最大雷电流打到70 kA。

现场情况:事故现场由于救人需要,消防队已挪动大量建筑钢筋、水泥碎块,雷击点已无法找到。雷电灾害事故调查小组经研究决定,根据最新气象行业标准《雷电灾害调查技术规范》(QX/T 103—2009),运用剩磁仪进行现场勘察测试,确定闪电是否对该建筑物造成影响并勘察具体影响程度。

剩磁测试:虽然第一现场已被破坏,没有找到雷击点,但从现场剩磁测试情况看,附近多个位置铁丝、钢筋头、铁钉等剩磁数据为3.0 mT、2.9 mT,西北角屋顶没有移动迹象的钢丝头剩磁为7.8 mT,是参考值1.5 mT的5.2倍,具体数据见表4.3。

表4.3　事故现场剩磁数记录

| 测试位置 | 测试样品 | 雷击判据标准值(mT) | 测试值(mT) |
| --- | --- | --- | --- |
| 房屋西北角 | 钉和铁丝 | ≥1.0 | 2.4 |
| 房屋北侧 | 圈梁钢筋头 | ≥1.5 | 3.0 |
| 西北角 | 铁梯 | ≥1.5 | 2.9 |
| 脚手架 | 铁管和钢筋 | ≥1.5 | 1.1 |
| 西北角临近屋顶 | 杂散铁件 | ≥1.0 | 7.8 |

目击证人:据3名目击者称,当时突然听到一声雷响,一直径约1 m多的耀眼火光击中房屋西北角,房屋瞬间自北向南依次倒塌,将避雨和现场施工的老百姓砸在废墟中。

由于是在建工地,房屋内还没有布设任何电气线路,可排除电气火灾可能。而在房屋倒塌的西北角附近剩磁强度数值明显较大,其他地方逐渐减小。经过综合分析,调查小组判定该建筑物倒塌前曾遭受直接雷击。

### 4.4.3　力学性能测定

力学性能测定主要是对受灾物体(包括材料的焊缝)的机械强度、硬度和熔点等方面进行测定,分析破坏原因、破坏力及火场温度,判定是否发生雷击。或者根据对受灾物体的破裂断面和内外表面的破坏程度或腐蚀程度的观察,分析判定受灾物体被破坏的形式和破坏原因,判定是否发生雷击。

### 4.4.3.1　力学性能分析原理

众所周知,雷电产生的热效应可能会影响金属结构材质的刚度和弹性模量。也就是说雷电流通过金属材质的材料时,材料必然会引起发热和温升情况。以钢材为例,为方便计算,我们假设雷电流为 $I$,它的持续时间为 $t$,温升为 $T$,则:

$$T = \frac{Q}{mc} \tag{4.1}$$

其中

$$Q = 0.239R_0 It^2 \tag{4.2}$$

式中,$m$ 为钢材单位长度的质量,kg;而 $c = 460.5$ J/kg,K 为钢材的比热容;$R_0$ 为单位长度钢材的电阻;$Q$ 的单位为卡,系数 0.239 为热功当量。

### 4.4.3.1　混凝土力学性能

混凝土力学性能主要表现在强度上。混凝土遭雷击受热时,在低于 300 ℃的情况下,温度的升高对强度的影响比较小,而且没有什么规律;在高于 300 ℃时,强度的损失随着温度的升高增加。这是因为普通混凝土加热超过 300 ℃时,水泥石脱水收缩,而骨料不断膨胀,这两种相反的作用使混凝土结构开始出现裂纹,强度开始下降。随着温度升高,作用时间增加,这种破坏程度加剧。573 ℃时骨料中的石英晶体发生晶形转变,体积突然膨胀,使裂缝增大;575 ℃时氢氧化钙脱水,使水泥组织被破坏;900 ℃时其中的碳酸钙分解,这时游离水、结晶水及水化物脱水基本完成,混凝土强度几乎全部丧失而酥裂破坏。

### 4.4.3.2　金属材料力学性能

(1)刚度分析

在雷击火场上,钢材强度变化与所受温度高低和受热时间长短有关。一般受热温度达 300 ℃时,钢材强度才开始下降;500 ℃时强度只是原强度的 1/2,600 ℃时为原来强度的 1/6～1/7。因此,现场钢构件被塌处的温度至少500 ℃,且过火时间在 25 min 以上。如果火场的钢屋架没被烧塌,也不能肯定那里的温度不曾超过 500 ℃,因为可能那里出现火势发展快,可燃物很快燃尽,虽然产生高温,但高温作用的时间太短的情况。

据文献,建筑材料的强度、刚度、耐久性等指标随着温度升高明显劣化,同时相邻构件之间的相互约束还可能产生较大的温度应力,从而导致结构的变形增大,承载能力和耐久性能显著降低。

国内外大量试验结果表明,各种钢筋在高温下强度均也表现随温度升高而逐渐降低的趋势,但降低幅度各有区别。图 4.5 所示为高温下 Φ12II 级热轧钢筋的应力—应变曲线。从图中可以看出:随温度升高,钢筋的屈服强度不断降低。

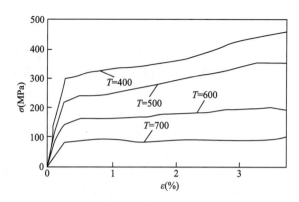

图 4.5　钢筋随温度变化的应力—应变曲线

欧洲钢结构协会推荐的钢材屈服强度的计算表达式为

$$f_y(T) = \left[1 + \frac{T}{767\ln(T/1750)}\right]f_y \qquad (0 < T \leqslant 600\ ℃) \qquad (4.3)$$

根据上式可以判断钢筋的强度变化与国内学者给出的高温下不同钢筋的强度变化情况一致。图中 $f_s$ 和 $f_s(T)$ 分别为常温时和温度 $T$ 作用下钢筋的强度,对于热轧钢筋,它们表示屈服强度 $f_v$ 和 $f_u(T)$。从图 4.6 中可以看出,高温下 Ⅰ、Ⅱ 级热轧钢筋的强度变化规律基本相似,而高强钢丝的强度降低却明显加快。

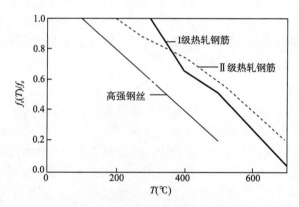

图 4.6　钢筋的强度—温度关系曲线

图 4.7 所示为美国《预应力混凝土和预制混凝土防火设计》手册中给出的高温下不同钢筋的强度变化情况。对于普通热轧钢筋,图中数据代表屈服强度比,而对于高强热轧钢筋和冷拉钢筋,图中数据则代表极限抗拉强度比。

（2）弹性模量分析

金属构件在雷击火灾作用下会失去原来的弹性,这种变化也是分析火场情况的一种根据。

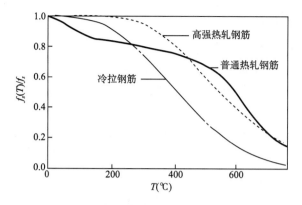

图 4.7　钢筋强度—温度关系

如果起火前刀型开关处于合闸位置,在火灾作用下,金属片就会退火失去弹性,如果发现刀型开关两静电片的距离增大,则说明它们在火灾时正处于接通状态。如果两静片虽已失去弹性,但仍然保持正常距离,说明火灾当时,它们没有接通。

如果发现沙发、席梦思床垫的某一部位只有几个弹簧失去了弹性,那么这个部位一般情况下就是起火点。这类火灾多数是由烟头等非明火火种引起的阴燃,造成靠近火种部位阴燃时间比其他部位长,局部温度也高,使该部位的几只弹簧先受热失去弹性。当时起明火时,火势发展速度快,使其他部位弹簧受高温作用时间相对短些,因此比阴燃部位弹簧弹性强度下降得小。

欧洲钢结构协会推荐的钢材弹性模量的计算表达式为:

$$E_s(T) = (1 - 17.2 \times 10^{-12} T^4 + 11.8 \times 10^{-9} T^3$$
$$- 34.5 \times 10^{-7} T^2 + 15.9 \times 10^5 T) E_s \tag{4.4}$$

由此,可以得到图 4.8 所示曲线。我们发现弹性模量随温度升高而逐渐降低,但与钢筋种类关系不大。

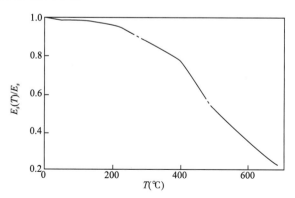

图 4.8　钢筋的弹性模量—温度关系

### 4.4.3.3 应用

在没有安装录波器和闪电计数器的情况下,判断输电线路故障是否由于雷击引起可以采用力学分析法。例如以 2007 年 7 月 12 日重庆华浩冶炼有限公司粉末厂雷击火灾为例,厂房火灾发生处 10 kV 高压输电线路(入户前端)被击断掉落地面,试验表明,高压输电线路是在瞬间高温情况下熔断,而距地面 7 m 的线路只可能是由于雷击引起瞬间高温熔断(排除了人为破坏),为此,调查组发现其输电线路采用的 7 芯铜绞线(35 mm²),并对击断线路(雷击点)附近 2 m 线路和同批次线路进行力学性能对比试验。该试验参照《金属材料室温拉伸试验方法》(GB/T 228—2010)及《电线电缆电性能试验方法导体直流电阻试验》(GB/T3048.4—1994)要求,试验结果发现输电线路的力学性能(屈服强度和抗拉强度)在雷击前后削弱两倍以上,其电阻率也有所降低(见表 4.1)。最终证明是由雷击造成高压线发生断落,强大的雷电流沿高压线路进入变压器房的高压开关柜,造成短路酿成火灾。

表 4.4  输电线雷击前后的力学性能和电阻率变化

| 项目 | | 雷击前 | 雷击后 |
|---|---|---|---|
| 力学性能 | 屈服强度 $\sigma_s$(MPa) | 350 | 107 |
| | 抗拉强度 $\sigma_b$(MPa) | 420 | 155 |
| 电阻率($\Omega \cdot mm^2/m$) | | 0.017 420 | 0.016 420 |

### 4.4.4 断面观察

断面及表面分析法主要是对金属或其他材料破裂断面特征和材料内外表面腐蚀或破坏程度的观察检验,从而分析判断材料的破坏形式和破坏原因。

## 4.5 其他鉴定手段

### 4.5.1 模拟试验

模拟试验不只是检验痕迹和物证的一种手段,而且是验证事故原因、过程及其有关证言真实性的一种方法。模拟试验解决的问题是由现场勘察的实际需要决定的。

尽管模拟试验是有针对性的,但它毕竟不是事故的客观事实,是人为主观进行的。事故本身有很大的偶然性,是许多因素凑在一起才引起的后果,模拟试验的条件尽管和事故条件十分相近,但有时也不能完全再现过程,甚至会起到"反证"作用。因此,不能以试验成功与否作为事故结论的唯一依据,要结合其他证据统一认定。

　　模拟试验应当尽量模拟事故发生条件,如果不具备在原地进行试验的条件,可另选相似条件的地点或在实验室进行。

　　如在对重庆三奇青蒿素有限责任公司静电火灾事故调查分析中就采用了模拟试验。针对该事故是在分离工序车间内卸放硅胶混合物(如图 4.9 所示)时发生火灾,采用试验方法发现用于盛放硅胶混合物的塑料袋,在置放于小推车上时,由于塑料袋摩擦作用,本身就能产生与金属车体压差为 300 V 以上的静电电压;同时在卸放层析柱内的硅胶混合物时,硅胶混合物每次从 1.6 m 高处卸放至塑料袋内,也将在塑料袋上产生静电。随着硅胶混合物不断卸放,静电电荷不断地累积,静电电压也将逐步的升高(见图 4.10 和表 4.5),极易达到火花放电点火能量(300 V)以上,并产生火花。发现其火灾原因是置放塑料袋的金属车未作接地处理,车底部的橡胶轮也是非导电橡胶。

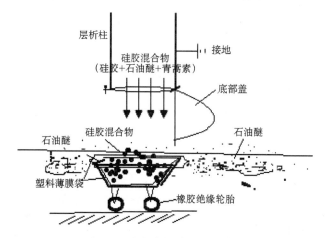

图 4.9　分离车间分工艺示意图

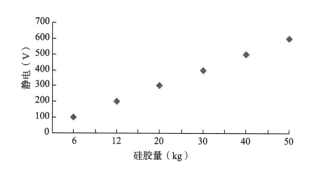

图 4.10　硅胶量与静电电压关系

表 4.5　塑料袋在接装硅胶试验中静电积聚表

| 静电试验状况 | 塑料袋(将塑料袋置于车内时) | 塑料袋(将少量混合物(硅胶、石油醚和青蒿叶)从 1.6 m 高处落在置于地面的塑料袋中) |
| :---: | :---: | :---: |
| 1 | −400 V | −50 V |
| 2 | −450 V | −50 V |
| 3 | −400 V | −50 V |

注:在温度 25.5℃、湿度 62.3%的空旷环境中,进行了模拟试验。

### 4.5.2　直观鉴定

直观鉴定是具有鉴定经验的人员根据自己的知识、经验,用感官直接或用简单仪表对物证的鉴定。具有这种鉴定经验的人应该具备以下条件:

(1)长期从事现场勘察和物证检验的专门人员,有丰富现场经验的其他技术人员及专家;

(2)科学研究人员和工程技术人员;

(3)其他具有鉴定能力的人。

针对不同事故现场(图 4.11~4.14),多年从事雷电灾害调查技术人员可以结合闪电定位资料或者人工观测资料,直接判定是由于雷击造成的。

图 4.11　2005 年 7 月 8 日某雷击事故现场　　图 4.12　2002 年 7 月某商住楼屋顶遭受雷击现场

图 4.13　2006 年 8 月 5 日某雷击事故现场　　图 4.14　2007 年 4 月某民房雷击事故现场

### 4.5.3　法医鉴定

通过法医鉴定结论,可以分析死、伤者与事故的关系,借以判断事故性质及事故原因。如针对不同伤亡人员雷击伤害情况(如图 4.15),可以进行医学检验,判定是否为雷击造成。

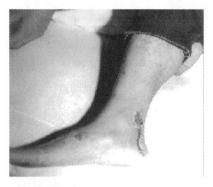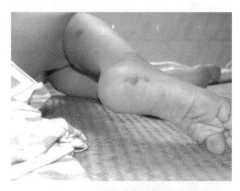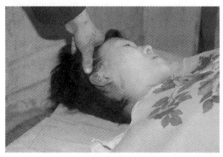

图 4.15　雷击人员伤亡事故现场

如某年 6 月 23 日上午 11 时许,在某街 5-1 号一新装修居民房中做木工活的工匠董某被人发现在楼室内死亡,死因不明。董某做工的 5-1 号房系一刚开始装修住房,室内厕所尚未装修,房屋地面未发现打斗及挣扎搏斗痕迹。7 楼系顶楼,是一面积大小为 800 cm×550 cm 的单间房屋,无人居住,东墙开有一大小为 200 cm×80 cm 的门洞,屋顶棚为瓦盖棚,四周为砖墙结构。地面为水泥地板,房屋四周未发现孔洞等裂隙,室内环境干燥且未安装电线、铁丝等物,董某的尸体头北脚南仰面躺卧于距西墙 286 cm,距北墙 550 cm 处地面上,身着浅蓝色短袖衬衣,下身着灰色长裤,内着蓝色三角内裤,脚穿塑料拖鞋,右腰裤扣上挂有一串金属钥匙,左裤兜内装有手机一部及现金 100 余元,衬衣右前襟、右裤管前外侧有新鲜纵形破裂口,破口边沿变硬有高温炭化现象,钥匙及金属链环有高温融化现象,其对应部位内裤松紧带断裂,断裂处有高温炭化现象,尸体周围地面无打斗及挣扎搏斗痕迹,房屋北侧地面有一堆新鲜粪便及数堆已干燥

粪便,干燥粪便用破碎瓦片掩盖。

死者自 6 月初开始在 5-1 号房做装修木工,为人和善,无结仇;生前身体健康,无心脑疾病史,手机、现金俱在,案发当日上午 10 时许该地区有强雷阵雨,案发地附近居民均见到闪电及听到巨大雷声。同董某一起做工工人反映,由于工地房屋尚未装修厕所,故日常解便均在顶楼房屋内,大便均用碎瓦片掩盖。

尸体检验:死者脑、心、肺、肾、肾上腺充血、出血,尤其心包膜与肺膜下点状出血,心脏血不凝,急性心肌断裂,余部均无异常。

死者生前身体健康,无心脑疾病史,结合法医病理检验,结果排除疾病死亡,死者手机现金俱在,无挣扎搏斗伤,无侵财迹象。现场遗留数堆干燥粪便显示经常有人在 7 楼解便,一堆新鲜粪便,显示案发前有人在此解便(符合死者)。通过体视显微镜及比对显微镜检验发现衬衣右前襟、右裤管前外侧的新鲜纵形破裂口有边缘炭化现象,内裤松紧带钥匙及金属链环均有高温融化现象,除雷击或高压电在瞬间的高压高温气浪冲击波会造成此征象外,其他外界因素均不可能。现场无高压电源存在,案发当日上午 10 时许,该地区有强雷阵雨,综合判断本例系雷击死亡。

# 第 5 章
# 雷电灾害事故原因分析

## 5.1　概述

在事故调查过程中,调查人员自始至终要对事故发生的原因和过程进行分析、研究和逻辑推理工作,这项工作是指对事故发生过程中的各种情况、现场事实和与此有关的环境、条件、情况等进行因果关系的分析研究,为进一步指明现场勘察的方向、最终确定事故原因作出正确的结论。

### 5.1.1　雷电灾害事故原因分析的种类与内容

按照内容层次区分,雷电灾害事故调查分析可分为随时分析、阶段分析和结论分析。

随时分析是在调查过程中对现场访问和勘察获得的情况和事实,随时进行其内在联系的分析研究,包括现场痕迹特征与事故发生发展的联系,言证、物证的作用与条件等。

阶段分析是在现场勘察进行到一定程度,根据勘验和调查访问的材料,为分析确定事故性质和特征,纠正勘察中的偏向与错误,重新确定勘察的重点和方向,而进行的分析工作。

结论分析是在调查访问和勘察完成后,最后对事故进行综合分析,它包括分析确定雷击时间、雷击部位、事故点和事故原因。进行结论分析时,现场指挥人员要组织全体勘察人员和聘请有关技术人员,分析讨论事故现场情况,汇总集中勘察、调查访问以及物证鉴定的所有材料,采取从个别到整体,由现象到本质的方式对材料进行分析、推理,以便对事故事实形成全面正确的认识。

### 5.1.2　雷电灾害事故原因分析的基本方法

通过事故现场勘察和调查访问,获得的大量与事故有关的材料是分析事故情况、还原事件真相的物质基础。然而要由此得出调查结论,必须对材料进行分析研究。在实际工作中,常用的分析方法有剩余法、归纳法和演绎法。正确使用这些方法,是做好调查工作的关键。

(1)剩余法

在逻辑上,剩余法亦称排除法,是判明事件因果关系的方法之一。已知某一复杂现象是由某一复杂原因引起的,若除去两者之间已被确认有因果联系的部分后,其余部分也互为因果关系。

在运用此法进行事故现场分析时,常根据客观存在的可能性,先提出几种假设,然后逐个审查;利用所掌握的证据,逐一进行排除,剩下的一个为不可推翻的假设,即是所要寻找的结论。对于雷击原因分析,这种分析推理成功的关键在于必须将真正的事故原因选入假设之中。为此,要考虑到各种可能的因素及其相互关系。若两种因素可以独立造成雷击则它们之间为"或"的关系,否定一个则另一个成立;若两种因素必须结合在一起才能造成雷击,则它们之间为"与"的关系,若否定一个,则另一个也不成立。

(2)归纳法

归纳法是以"归纳推理"为主要内容的科学研究方法。它是由个别过渡到一般的推理。在推理中,对某个问题有关的各个方面情况,逐一加以分析研究,审查它们是否都指向同一问题,从而得出一个无可辩驳的结论。

(3)演绎法

演绎法是由一般原理推得个别结论的推理方法。

上述几种方法既可单独又可综合加以运用,既可在随时分析中用,又可在结论分析中用。然而,这些方法运用的客观基础是事物之间的内在联系,辩证唯物主义观点的正确运用是正确分析认识问题的前提。只有如此,才能有效地运用这些方法分析雷击事故调查中的问题,并得出符合客观实际的判断。

### 5.1.3 雷电灾害事故原因分析的基本要求

(1)从实际出发,尊重客观事实

雷击事故现场上存在的客观事实是雷电灾害调查分析的物质基础和条件。因此,在分析之前要全面了解现场情况,详细掌握现场材料。进行分析时,应注意把现场勘察和调查访问得来的材料,分类排队、比较鉴别、去伪存真;要尊重客观事实,切忌主观臆造,搞假材料、假证据。因为假材料、假证据往往给雷电灾害调查工作带来困难,甚至得出错误的结论。

(2)既要重视现象,又要抓住本质

能够说明雷电灾害发生、发展和雷击原因的有关内容是雷电灾害的本质问题。雷电灾害现场上各种现象的表现形态千差万别、错综复杂,不一定哪一个个别现象、哪一个细小痕迹就能反映雷电灾害的本质问题。因此,在分析现场时要重视每一个现象,即使是点滴的情况和细小的痕迹物证都应认真地分析研究,并且把它们联系起来研究其与雷电灾害本质之间的关系。

(3)既要把握雷电灾害的共性,又要分析具体问题

雷电灾害同其他自然现象一样,都有其共同的规律和特点。雷电灾害调查人员应善于掌握这些规律和特点,以指导一般的雷电灾害调查工作。然而不同类型的雷电灾害其发生、发展过程不同,即使同类型雷电灾害,在具体形成过程中也存在着差异。在雷电灾害调查的实际工作中,要抓住雷电灾害形成的不同特点,结合雷电灾害当时的具体情况和条件,进行分析研究。研究雷电灾害现场痕迹物证及其产生、存在的依据和条件。在抓住普遍规律的基础上,要重点找出其特殊性,并分析研究某些特殊现象与雷电灾害的本质联系。

(4)抓住重点,兼顾其他

在调查过程中,要学会从大量的材料中抓住问题的关键和找出待解决的主要矛盾,并且学会兼顾其他。在开始分析雷电灾害原因时,不能把思维仅局限于一种可能性,从而造成判断僵化;要放开视野,留有两种或者两种以上的可能性。既要分析可能性大的因素,又要兼顾可能性小的因素。把可能性大的因素先定为重点,进行重点分析。一旦发现重点不准时,就要灵活而又不失时机地改变调查方向。分析中既要防止不抓主要矛盾,面面俱到;又要防止只抓重点,忽略一般。

## 5.2　雷电灾害事故分析常见方法与模型

### 5.2.1　雷电灾害事故性质和特征的分析与认定

事故调查工作往往是依次渐进、逐步深入的过程。在调查的初期:尤其是经过初步现场勘察后,先要分析所调查现场的事故性质和特征,这有助于缩小下一步事故调查的范围和明确调查的主要方向。

#### 5.2.1.1　事故性质

根据现场特点,事故性质分为自然事故和人为事故。

自然事故是由自然因素引起的事故,这类事故在目前条件下受到科学知识不足的限制还不能做到完全防止,只能通过预测、预报技术,尽量减轻灾害所造成的破坏和损失。如:2007 年 5 月 23 日,重庆市开县兴业村小学教学楼遭受雷击造成 7 人死亡,44 人受伤的雷击事故就属于自然事故,因为国家标准《建筑物防雷设计规范》(GB50057)没有对该类建筑进行防雷的强制要求。

人为事故则是指由人为因素而造成的事故,这类事故既然是人为因素引起

的,原则上就能预防。如 2005 年 4 月 21 日发生在重庆市东溪化工有限责任公司的特大雷击爆炸事故,如果及时撤离厂区工作人员,就可以避免人员伤亡。

### 5.2.1.2 事故的特征

雷电灾害是由于雷电的破坏作用引起人民生命财产损失的事件。雷击时产生的各种雷电效应是导致这种破坏作用的主要原因。

雷电的热效应能使放电通道上的温度高达几千至几万摄氏度。雷击点处发热能量能使 $50\sim200\ mm^3$ 的钢熔化。

雷电机械效应产生的机械破坏力可分为电动力和非电动力。电动力是由于雷电流的电磁作用所产生的冲击性机械力。在雷电作用的导线上的弯曲部分这种电动力特别大,往往会使导线折断。非电动力的破坏作用包括两种情况:一是当雷电直接击中树木、烟囱或建筑物时,由于流过强大雷电流,在瞬时其内部产生大量热能,使其内部水分迅速汽化,甚至分解成氢气和氧气,发生爆破;二是当雷电不是直接击中对象,而是在其邻近地方击中时,它们会遭受由于雷电通道的高温所形成的空气冲击波的破坏。雷电通道的高温使其内部空气受热迅速膨胀,并以超声速度向四周扩散,四周冷空气被强烈地压缩,形成冲击波。

静电感应又是雷电效应的一种。当金属等物体处于雷云与大地之间形成的电场中时,金属物体上会感生出大量的电荷。当雷云放电后,雷云与大地间的电场虽然消失,但金属物体感生积聚的电荷却来不及逸散,而产生很高的电压,高达几万伏,可以击穿几十厘米的空气间隙,造成火花放电。

很大的雷电流在极短的时间内从产生到消失,在其周围空间里产生强大的变化着的电磁场。这种雷电造成的电磁感应不仅会使处于该电磁场中的导体感应出较大的电动势,而且还会使构成闭合回路的金属物产生感生电流。如果回路中存在导线间的接触不良现象,会产生局部发热或火花放电。此外,在变化着的电磁场中的铁性物质会受到磁化,从而产生剩磁现象。

雷电波侵入也是雷电效应的一种。雷击在架空线路、金属管道上会产生冲击电压,使雷电波沿线路或管道迅速传播。如果侵入建筑物内,会使得电气装置和电气线路绝缘层被击穿,导致短路引起雷电灾害。

当防雷装置接受雷击时,在接闪器、引下线和接地体上可能产生很高的电位,如果防雷装置与建筑物内外电气设备、电线或其他金属管线的绝缘空间距离不够(一般不足 2 m),在它们之间易产生放电,这种现象称为高压的反击作用。这种作用同样会引起雷电灾害、爆炸或人身伤亡。

### 5.2.2 雷电灾害事故时间和事故点的分析与认定

准确地分析和认定事故时间和事故点是分析事故原因的重要条件。

　　事故时间是指事故点遭受雷击的时间,在雷电灾害调查中一般应首先进行分析。造成雷电灾害的原因必须在雷电灾害发生之前的时间范围里寻找。因此,分析与认定事故时间有利于查清引发雷电灾害的各种条件和雷电灾害发生之间必然存在的因果关系。缩小调查的范围,圈定和划出与雷电灾害发生发展有关的人和物;分析有关人员的活动范围和内容、有关设备运行的状况及其各种现象,能衡量出事故点雷击作用于事故物的可能性大小等。事故时间的确定是查清雷电灾害原因的关键之一,它是不可忽略的依据。

　　事故点是最先开始事故的地方。在雷电灾害调查过程中,事故点认定的准确与否直接影响雷电灾害原因的正确认定。事故点不仅限定了雷电灾害现场中最先事故的部位,而且限定了与发生雷电灾害有直接关联的事故源和物,及其相关的范围。因此,勘察与搜集事故源和物的证据及其他客观因素,分析研究事故原因,须从事故点入手。

### 5.2.2.1　雷电灾害事故时间

　　雷电灾害事故时间主要根据现场访问获得的材料以及现场上发现的能够证明雷击时间的各种痕迹、物证来判断。具体的分析与判断可以从如下诸方面进行。

　　(1)根据发现人、报警人、接警人、当事人和周围群众反映的情况确定事故时间事故时间通常是根据如下时间来确定:最先发现事故的人、报警人、当事人、扑救人员提供的时间;卫生、公安消防、企业消防及单位保卫部门接警时间;最先赶赴雷电灾害现场的公安消防、企业消防队及有关人员到达时间;周围群众发现事故的时间来分析判断。

　　(2)根据相关事物的反应确定事故时间

　　若事故的发生与某些相关事物的变化有关,则事故发生后这些事物也会发生相应的变化。通过了解有关人员,查阅有关生产记录,根据事故前后某些事物的变化特征来判定事故时间。例如,某化工厂反应器发生雷击爆炸事故,可以根据控制室有关仪表记录的此反应器温度或压力的突变来推算;亦可从电、水、气的送与停的时间来推算。若雷电灾害与照明线路的短路有关,可从发现照明灯熄灭的时间、电视机的停电或电钟、仪表的停止的时间来判断事故时间。

　　(3)根据现场痕迹来确定雷击时间

　　根据雷电特征,不同类型的建筑材料遭受雷击,其物理化学性质随时间的变化是不同的。如事故现场的金属物剩余磁场的变化随着时间推移,逐渐呈现下降趋势;雷击火灾现场不同类型的建筑物持续时间也可以推测事故发生的时间。

　　(4)根据现场尸体死亡时间判定雷击时间

　　根据死者到达事故现场的时间,进行某些工作或活动的时间,所戴手表停摆的时间,或其胃容物消化程度判定事故时间。

准确的判定事故时间是认定雷电灾害原因的一个有力依据。为了保证事故时间分析与认定的准确性必须要注意以下几点:

①全面分析,相互印证。尤其要善于将事故时间与事故源、事故物及现场综合起来加以分析,而不能把事故时间孤立起来,要防止片面性。

②事故时间的可靠性。对提供事故时间的人,要了解其是否与雷电灾害的责任有直接关系,不能轻信为掩盖或推脱责任而编造的事故时间。

③事故时间的正确性。作为认定雷电灾害原因依据的事故时间必须符合客观实际,在无确凿的证据时,事故时间不能作为认定雷电灾害原因的依据。

### 5.2.2.2  雷电灾害事故点

事故点是雷电灾害发生的场所。在雷电灾害现场中,事故点可能为一个部位,也可能有两个或更多个有限部位。对特定雷电灾害来说,事故点的范围是一定的,然而往往又是不很明显的。因为事故点常会受到一些因素的影响而变得比较隐蔽,尤其是一些事故时间不明、火烧面积大、破坏程度比较严重且现场结构比较复杂的现场。因此,认定事故点之前,必须对雷电灾害现场进行全面的、认真细致的勘察和调查访问。同时还要考虑各种客观条件的影响,分析研究各种痕迹的特征和形成的条件及原因,才能准确地认定事故点。

在调查的实际工作中,常用于认定事故点或事故部位的依据主要有如下几种。

（1）目击者证言

事故发生时有目击者,最先发现事故的人能够相当准确地指出事故点或事故部位所在的具体位置。最先发现人、报警人或到场扑救的人提供的证言,都有利于事故点的认定。对于雷电灾害当事人或受害者的证言,可以了解其在雷电灾害现场的确切位置和行为表现,为分析与认定事故点提供重要的参考。此外,分析从现场逃生出来的人员提供的情况,有助于分析事故点可能的方位。

值得注意的是,调查访问取得的线索并非都能证明事故点的真相:因为除了会存在证人故意隐瞒事实而作伪证以外,还由于主客观因素的影响,证人原本是为揭示事实真相,但其陈述却可能出现不完全符合实际情况的现象。因此,任何人提供的线索或证言都需要经过多方验证,才能作为事故点的依据。

（2）现场痕迹的检验

①现场勘察痕迹

为了证明现场发生过雷击,需要勘察现场的雷击部位和提取雷击痕迹。为了能及时准确地找到雷击部位,应根据雷击的规律或雷击因素进行判定。

地质条件是影响雷击选择性的主要因素。易于积聚大量电荷的是土壤电阻率小的地点,水位高而潮湿堵塞地点,如大型盐场、河床、池沼、苇塘或含有金属矿床地区的建筑物的局部交界处,雷击多落于土壤电阻率小的地方。若岩石与土壤的交界,山坡与稻田的交界,雷击多落于土壤或稻田处。地下水面积较大或金属管线较多的地面易落雷,地下水线的出口和金属管线集中的交叉处更易落雷。

从建筑物所在位置和地形来看,建筑物中的高耸建筑物和空旷地里的孤立建筑物较易受雷击。在靠山或临水的地区,临水一面的低洼潮湿地点易受雷击;山口或风口的特殊地形构成雷暴走廊的地方易受雷击。从地图上看,铁路线路和高压电线路容易感应大量电荷,因此铁路集中的枢纽、铁路终端和架空线路的转角处容易遭受雷击。

建筑物本身能积蓄的电荷量对雷电接闪有影响。雷击点易于选择钢筋混凝土结构的大模板体系、预制装配壁板体系、滑升体系以及框架体系内有较多钢筋的墙、板、梁、柱或基础,因为这些地方容易积累大量电荷。金属屋顶、金属架构、电梯间、水箱间、建筑物上部的突出物如收音机天线、电视机天线、旗杆、金属梯子、屋顶金属栏杆及金属天沟是积蓄电荷的部位因而容易遭受雷击。此外,建筑物上部的烟道、透气管、天窗和工厂的废气管线也是容易接闪的部位。建筑物内部安装的大型金属设备和通入建筑物内的地下及架空金属管线也都易于积聚电荷,而存在接闪的可能性。大型自来水场、水塔、大型热力点和大型变电站等金属管线集中的地区,能积聚的电荷量多,接闪机会也多。常年积水的水库和非常潮湿的牛马棚,也是容易接闪的。

屋顶平整而无特别突出结构(如烟囱等)的建筑物,雷击部位一般有如下规律:不管屋顶坡度多大,雷击率最高的部位是屋角与檐角;高度小于 30 m 的建筑物,平屋顶建筑物遭受雷击的部位是四角和四周的女儿墙;坡屋顶建筑物受雷击的可能部位是屋脊、屋檐和屋面,然而建筑物的坡度愈大,屋檐的雷击率愈小;当屋顶的坡度大于 40°时,屋檐不会遭受雷击。

上述雷击易发生的地区或部位应是在现场首先考虑和重点勘察的地方。

雷击痕迹是现场勘察中证明雷击发生的最有利的物证。在寻找雷击部位同时,应注意发现和提取这些痕迹。雷击痕迹是由雷电的热效应和机械效应造成的,尤其是雷电比较严重的火灾现场。常见的雷击痕迹有如下几种。

a. 金属熔痕。雷击线路、电气设备会造成多处短路或烧坏,留下导线的熔化痕迹。雷电通道附近的环形金属线接头或端头可能产生电熔痕。一般接闪装置、金属屋面、储油钢罐等遭受雷击时会产生熔蚀现象。

b. 建筑物破坏痕迹。烟囱、高墙、房脊和屋檐等最易受雷击破坏。木结构常被击碎成为条状;混凝土、岩石、红砖表面常被烧熔或剥离,油漆表面变为焦黑。

c. 混凝土构件中性化。雷击混凝土构件时,会使混凝土材料中性化;雷击部位的表面颜色与原色相比变浅且光滑带有光泽。

d. 树木、木质电杆、横担劈裂痕。由于木材，尤其是树木含水分多，在遭受雷击时，强大的雷击电流迅速通过这些木材，使其水分迅速汽化、膨胀，气体的膨胀力使树等劈裂炸断。常见的劈裂痕是沿木纹方向纵向裂开，树木和树皮剥离，附近有树叶烧焦。

e. 铁磁性材料被磁化。雷电通道附近的铁磁性材料如铁钉、铁丝等，受强大的变化电磁场作用而被磁化，在这些材料物体上会留有剩磁。

f. 地面被击出坑状痕。地下有金属管道或矿藏时，雷击有时会将地面泥土局部掀起，击出一个坑状痕。

g. 雷击尸体痕。因雷击而伤亡的人畜，尸体外表有树状"天文"烧痕，心脏、脑神经呈触电麻痹症状，人体衣服、头发被烧焦，有时随身所带金属物体会有熔痕和剩磁。

②雷击痕迹鉴定

雷击痕迹可采用金相分析检验、混凝土中性化检验和剩磁检验来鉴定。

a. 金相分析。建筑物金属构件，收音机金属天线、金属管道、防雷装置的接闪器、引下线等由于雷击而产生的金属熔痕的金相组织类似电熔痕，可以与火烧熔痕区别开。因为雷电作用温度高于火场的火灾温度，且作用时间极短（直击雷击放电时间一般为 $0.05\sim0.1$ ms，总放电时间不超过 $100\sim130$ ms），故只能造成金属表面的熔化，熔痕的金属组织致密细小。

电气线路和设备受雷击造成的短路熔痕，在金相组织上更容易与火烧熔痕相区别。这种雷击短路熔痕分布面广、线路长，在整个电流经过的线路设备上都可能出现。

b. 中性化检验。受雷击而未经过火烧的混凝土构件，其水泥在雷电高温作用下氢氧化钙会转变成中性的氧化钙，通过检验雷击部位混凝土构件的碱性，即可用于判断物体受雷击高温作用的情况。

c. 剩磁检验。雷击造成的现场铁磁性材料的剩磁，可以利用特斯拉计（或高斯计）进行检测。雷电流一般可使附近铁磁性构件产生 1 mT 以上剩磁。检测剩磁常在现场原地进行，为了检测准确，要注意以下几点：

——避免磁性干扰和物证的磁性损失。原地检测时，检查火场中附近有无其他磁性物体存在，如有则需采取措施加以排除。取样检测时，不要将样品混于一块，检测应分别进行。被测物件需拿到实验室进行检测时，各物件应避免碰撞或敲打，以免磁性损失。

——进行比较验证。除了对雷击通道附近的铁磁物件进行剩磁检测外，还需对其他部位的铁磁性物件或电气设备进行比较检测。如果现场其他区域的铁件都有 1 mT 左右的磁性，那么就很难判断是雷击所造成的剩磁了。

——调查能引起磁化的其他原因。了解被测物件附近在这次火灾前是否曾有过大电流短路或雷击现象,以免将以前某种原因造成的剩磁误认为由此次雷击造成的。

### 5.2.3  雷电灾害事故原因的分析与认定

事故原因分析与认定是事故调查的最后一个步骤,一般是在现场勘察、调查访问、物证分析鉴定和模拟试验等一系列工作的基础上,依据证据,对能够证明雷电灾害起因的因素和条件进行科学的分析与推理,进而确定事故原因。

#### 5.2.3.1  雷电灾害事故原因认定的依据

调查人员在认定事故原因之前,应全面了解现场情况,详细掌握现场材料。在认定事故原因时,要把现场勘察、调查访问获得的材料,进行分类排队、比较鉴别、去伪存真,对材料来源不实或者材料本身似是而非的,要重新勘察现场,切忌主观臆断。

在调查过程中,证据是认定事故原因、查清雷电灾害的因果关系、明确和处理雷电灾害责任者的依据。事故原因的认定通常是在确认了事故点、事故源、事故物、事故时间、事故特征和引发雷电灾害的其他客观因素与条件的前提下进行的。这些雷电灾害事实一般是逐步得到查清的,已被证实的事实可作为查清因果事实的依据。它们的依据应是相辅相成又相互制约的,舍弃或忽略其中的某一个,都可能对事故原因做出错误的认定。

事故点认定得准确与否,直接影响事故原因的正确认定。因为事故点为分析研究雷电灾害原因限定了与发生雷电灾害有直接关联的事故源和事故物,无论是搜集这些证据,还是分析研究事故原因,都必须从事故点着手。实践证明,事故点是认定事故原因的出发点和立足点,及时和准确地判定事故点是尽快查清事故原因的重要基础。

在以事故点为事故原因分析与认定的依据时,应注意:事故点必须可靠,有充分的证据作保证;事故点与事故源必须保持一致性,要相互验证。

查清事故源和分析其与物及有关的客观因素之间的关系,是认定事故原因的重要保证。只有准确地找出事故源,才能为事故原因的认定提供有力的证据。作为事故源的证据可分为两种:一种是能证明事故源的直接证据;另一种是与事故源有关的间接证据。确定事故源时,应遵循以下原则:围绕事故点查找事故源;事故源的作用要与事故时间相一致;事故源要与事故物相联系。事故物是指在雷电灾害现场中由于某种事故源的作用,事故发生后,事故中常会留下事故物的痕迹。通过这些痕迹可分析是否遭受雷击,进而认定事故部位、事故点和事故原因。

### 5.2.3.2 雷电灾害分析与认定事故原因的基本方法

（1）逻辑方法

在事故原因调查过程中常需要正确地使用逻辑方法，对已了解的事故现场情况、与事故原因有关的事实和各种燃烧痕迹、物证、言证等证据进行分析与验证，最后才能认定事故原因。常用的逻辑方法主要有比较、分析、综合、假设和推理。

①比较：是指根据一定的标准，把彼此有某种联系的事物加以对照，进行分析、判断，然后作出结论的方法。

②分析：是将研究的对象分解为各个部分、方面、属性、因素和层次，再分别进行考察的思维过程。在事故原因的调查中，分析是对现场事实分别加以考察的逻辑方法，是对现场勘察获得的物证和调查访问的材料进行加工的全部工作。

分析的方法概括起来有五种，即定性分析、定量分析、因果分析、可逆分析和系统分析。定性分析是为了确定研究对象具有某种性质的分析，主要解决"是不是"、"有没有"的问题。定量分析是为了确定研究对象中各种成分的数量的分析，主要解决有多少的问题。例如，事故前现场的可燃气体与空气的混合物是否达到爆炸浓度、曾产生的静电火花是否达到或超过可燃物的最小点火能量等。因果分析是为了确定引起某现象变化的原因，主要解决"为什么"的问题。它是将作为原因的现象与其他非原因的现象区别开来，或将作为结果的现象与其他的现象区别开。可逆分析是解决问题的一种方法，即作为结果的某现象是否又反过来作为原因，也就是互为因果。系统分析是把客观对象视为一个发展变化的系统，并对其进行动态分析。同时，它又把客观对象看作是一个复杂的多层次的系统，并进行多层次的分析。

进行分析时要注意全面，即从多因素、多角度、多层次、多侧面地进行；要抓疑点，因为疑点背后往往隐藏着重要的问题；要抓重点，善于在纷乱复杂的现场上抓住与雷电灾害发生发展有关的事实；要反复推敲，既要看肯定的一面，又要看否定的一面，防止片面性。

③综合：是将各个雷电灾害事实连贯起来，从雷电灾害现场这个统一的整体来加以考虑的方法。与分析法研究的内容相比，该法着重于研究各个事实在雷击中的相互联系、相互依存和相互作用，使各个事实在雷电灾害这个统一的整体中有机地联系起来，从而使认识由局部过渡到整体，从认识个别事实的特征到认识雷电灾害发生发展过程的本质。

④假设：是依据已知的雷电灾害事实和科学原理，对未知事实产生的原因和发展的规律所作出的假定性认识。凭借已有的材料和以往的经验，对某种现象反复分析、甄别、推断，作出某种原因的假定。然后，运用这个假定解释雷电

灾害中出现的其他有关的现象并进行论证,这就是假设法的运用。假设不是随意的,是以事实和科学知识为根据的。没有现场勘察和调查访问获得的事实材料为根据,假设是没有任何意义。任何假设都是对未知现象或规律性的猜想,尚未达到确切可靠的认识,还有待于验证。因此,假设不是结论,而是一种推测,仅是一种分析和解决问题的方法。对同一事物或现象可允许同时存在几个不同的假设。一般来说,能够更好地解释全案事实材料的假设具有最高的价值。在雷电灾害原因调查过程中,既要提出假设、分析假设,又要修正假设、否定或肯定假设。

⑤推理:是从已知判断未知,从结果判断原因的思维过程。现场勘察和调查访问得到事实是已只的,要从已知判断未知,首先要对已知的事实进行去粗取精、去伪存真地加工,即按照事实去判断与事故点、事故原因有无关系,根据事实的真实性和可靠性决定取舍;其次要对事实进行由此及彼、由表及里地分析与研究,要用科学知识和实践经验找出其间的因果关系,要判断雷电灾害发生发展过程,从中分析与认定事故点,从事故点的客观事实认定事故原因。

(2)认定方法

事故原因认定方法通常有两种,即直接认定法和间接认定法。对一起雷电灾害原因认定来说,采用何种方法应根据雷电灾害现场的实际情况和需要,运用其中一种或两种结合起来使用。

①直接认定法。直接认定法是指对现场勘察中提取的并需要加以鉴别的物证,利用感官或借助简便仪器,通过直接辨认其颜色、形状、光泽、位置及其变化状态等来分析、确定事故原因的方法。它是一种简便直观的认定方法。一般在事故点、事故源、事故物和事故时间与客观条件相吻合,现场勘察和调查访问的证据比较充分的情况下使用。若以上诸条件不具备或部分情况不完全清楚时,一般不宜采用此法,以免因调查工作的简单化而错定事故原因。

因此法比较简便易行,故在事故原因分析认定工作中运用得较为普遍。然而,采用直接认定法时,应注意以下几点。

a. 应全面了解雷电灾害现场的情况,尤其对事故物和事故源的特点、性能、结构、使用条件和环境情况等应有全面地了解。认定时,还应与雷电灾害现场中的其他遗留物进行对比鉴定。

b. 直接认定要注意及时性,防止物证因时间拖长而变色、变性或丧失其真实性。

c. 对气象部门聘请的或委托的有关专家和工程技术人员,要求必须公正无私,以现场的事实为依据,作出具有法律证据的鉴定结论。

②间接认定法。在经认真仔细地调查访问和现场勘察后仍然找不出事故源的物证,而难以确定事故原因的情况下,需要采用间接认定法。此法须先将

事故点范围内的所有能引起雷电灾害的火源进行依次排列,根据现场事实进行分析研究,逐个加以否定排除,最终肯定一种能够引起雷电灾害的事故源;然后应用实践经验和科学原理,依据现场的客观事实,进行分析推理找出引起雷电灾害的原因。

间接认定事故原因是根据雷电灾害现场的事实,按照事物发展的一般规律和已有的经验,经过严密的分析推理和判断,作出符合事实的推断。因此,其结论是完全具有说服力的。该法一般是在现场中的事故源或某事故因素不复存在的条件下进行的,故现场勘察和调查访问所获得的材料就显得更为重要和珍贵。应用此法认定的事故原因,必须在该雷电灾害现场存在着这种原因引起雷电灾害的可能性,并具引发事故的客观条件。

## 5.3　雷电灾害事故原因分析中需要注意的问题

### 5.3.1　雷击火灾原因分析

#### 5.3.1.1　调查当时的雷电活动,判断雷击火灾的可能性

雷击火灾与各地的雷电活动密切相关。雷电活动随着各地的地质、地形、季节和气候不同而各有差异。某一地区雷电活动概况可用年平均雷电日说明。从地区上看,西北地区年平均雷电日一般在 15 天以下,长江以北大部分地区(包括东北)年平均雷电日在 15～40 天,长江以南地区平均雷电日在 40 天以上,23°N 以南地区年平均雷电日均超过 80 天;海南岛及雷州半岛地区平均雷电日高达 120～130 天。然而,在同一地区的雷电活动因受局部气象条件的影响,同一地区的雷电活动也可能有较大的差异。例如,在某些山区,山的南坡落雷多于北坡;傍海的一面山坡落雷多于背海的一面。因此,调查某地方的雷电活动时间,不仅要考虑它的地理位置,还要注意其地形和当时的局部气象情况,并了解当地历史上落雷的事件,以便判断雷击火灾的可能性。

#### 5.3.1.2　判断雷击时间与起火时间是否一致

雷击时产生的高温足以使一切可燃物燃烧起火,雷电波沿架空路线或金属管侵入室内使电气设备发热弧闪也足以让易燃、可燃气体或液体爆炸。这种过程瞬间便可发生,故雷击时间与起火时间应是一致的。

雷击发生于雷雨天气,若加上某些因素如雨大,可燃物潮湿的影响,雷击时可能引起的局部着火会熄灭而形成不了火灾;雷击过后,也不会因留下雷击的火种,在一段时间以后使可燃物复燃。因此,雷击与起火时间一致的原则是判断雷击火灾的重要依据之一。

### 5.3.1.3　判断雷击点与起火点是否一致

直击雷火灾与起火点可能在一处,也可能不在一处。前一种情况是出现在雷直接打在可燃物(如森林、草垛、货箱和木结构建筑物等)上的时候;后一种情况则是由于雷击发生在非可燃物(如金属杆、屋顶、烟囱和砖墙等)上,但在雷击点附近的金属丝或电气线路感应到雷电波,从而引起了其他部位上易燃、可燃物的燃烧或爆炸。

在球状闪电火灾中,球状闪电遇到物体引发爆炸处往往与起火点是一致的。

总之,雷击火灾的起火点应在雷击点处,或在雷电通道和雷电波传播的途径附近。如果现场的起火点位置不具备这个特点,应重新考虑火灾原因。雷电通道或雷电波传播途径可根据现场遗留的雷击痕迹来确定。

### 5.3.1.4　正确认识避雷针的防雷作用

避雷针的防雷作用在于接受雷电流,并把它安全导入大地。因此,避雷针用于防止直击雷的破坏。在某些安装有避雷针的情况下仍有雷击火灾发生,其原因主要有以下几条。

a. 避雷针不能完全防止感应雷和雷电波侵入以及球状闪电的破坏。雷云在没有对避雷针放电前,就可使地面某些物体产生静电感应电荷;不管直击雷是否通过避雷针,都可以使雷电通道附近的金属产生感应电势,进而引起感应雷火灾。雷电波和球状闪电则可从远离避雷针的地方侵入,而使避雷针失去防雷作用。因此,不能因现场装有避雷针而轻易否定雷击火灾。

b. 避雷针存在保护范围的问题。在避雷针下周围的一定空间内,建筑物或其他被保护体可以避免遭受直接雷击,这个空间称之为避雷针的保护范围。此范围与避雷针高度有关,并随着避雷针高度的增大而增大,但不是成简单的线性关系。由于某种原因,如果被保护物体中有某个房角、某个烟囱、某个排气管越出这个避雷针的保护范围,则同样会直接被雷击。

c. 若避雷针的引下线接头接触不良,或安装的位置附近有其他金属线路和管道,当通过雷电流时,因发热打火或高电位的反击作用也能引起火灾。

此外,当管理不善,引下线或接地装置遭到破坏时,避雷针也可能失效。

## 5.3.2　静电火灾原因分析

凡是由静电放电火源引起的火灾或爆炸统称为静电火灾。静电火灾有两个明显特点:一是原因复杂,因为静电火灾往往是各种因素在最坏条件下偶然组合所致,这种组合又缺乏重现性;二是静电火灾几乎不能留下静电的特定痕迹与物证。

静电火灾难以通过对火场特定残留物的鉴定,给火灾原因认定提供直接的依据。因此,它的调查工作基本上是围绕如下两个方面进行:一是排除其他起火源成灾的可能性;二是分析和测试事故前现场静电火灾条件形成的可能性。当排除其他火源,而且静电放电火花引燃的条件很充分时,可判定为静电火灾。

### 5.3.2.1 形成的条件

静电作为点火源,需经历产生、积累、放电和引燃的过程。当现场同时符合如下条件时,才能形成静电火灾。

(1)具有静电产生的积累的良好条件。静电产生条件主要指材料的起电能力、生产工艺的具体过程,以及人体的活动方式等。静电积累条件则包括材料的绝缘性能、静电起电速率、环境湿度、温度,以及接地状态等。

(2)具有足够大的静电电场强度,能形成静电放电。静电放电是具有不同静电电位的物体相接近时,它们之间的介质的绝缘能力受到突然破坏,产生电火花并在其间隙出现瞬时电流的现象。要使介质的绝缘能力被破坏,必须在火花间隙两端具有足够的电位差。这个数值的大小,与间隙的几何形状及介质的性质有关。例如,在干燥空气介质中平板间的击穿需要 $30\sim35$ kV·cm$^{-1}$,负尖端对正极板的击穿需要 $20$ kV·cm$^{-1}$,正尖端对负极板或两个尖端相对的击穿需要 $10$ kV·cm$^{-1}$。

(3)静电放电引燃的爆炸气体或粉尘浓度处于爆炸极限范围内。

(4)放电能量大于或等于爆炸混合物的最小点火能量。

上述是形成静电火灾的充分和必要的条件,缺一不可。

### 5.3.2.2 原因调查的基本方法

(1)分析和勘察现场存在的静电产生与积累的可能性

①起火现场是否具备下列能产生静电的操作过程或人体活动

塑料管泵送、真空抽吸或排放有机溶剂、轻质燃料油和可燃粉料;塑料桶罐装汽油;橡胶制品生产中的涂胶刮胶,橡胶原料在有机溶剂中搅拌或在输油管中输送;橡胶软管输送有机溶剂;油罐、油槽车装油和泄油作业;油罐、油槽车采样、测温和检测;用油品溶剂洗涤物料或对油罐、油容器进行清洗作业;将不同油品或油品与物料搅拌调和;过滤油品或进行物料中的油液分离;向反应釜或容器加油液或回收油液;高压管道破裂流体喷泻;可燃气体放空管排放;进行固体的粉碎、筛分、干燥、真空抽吸、压缩空气输送、快速加料和袋式集尘;用化纤织物揩擦油设备、吸收倾倒的泊液、蘸洗油擦洗化纤衣履的油迹;着化纤衣服、胶鞋、塑料鞋在火灾爆炸危险场所行走、工作、运动或脱穿化纤衣服;清洗油轮的油舱或内有压舱水强烈溅击的现象;静电喷漆操作等。

②分析与测定物体带静电的能力 在接触分离过程中产生的静电电荷,不会永久聚集在物体上。一旦产生静电的过程停止,物体所带的静电荷将随着时间流逝消失掉,这种现象称为静电泄漏。静电泄漏量与物质的电阻率、介电常

数以及泄漏时间有关。

常见的可燃液体如汽油、煤油、苯、乙醚属于带静电物质,带静电能力的强弱还与客观条件有关。悬浮在空气中的粉尘或雾滴,甚至金属微粒,不论其电阻率大小,由于处于孤立状态,难以逸散掉所带电荷,故都具有很强的带电能力。

(2)分析带电体的放电能量和可燃物的最小点火能量

①调查静电火灾现场,寻找静电放电的带电体,勘验所有可能作为放电电极的部位,在此基础上进行放电能量的分析。带电体的放电能量受自身的电学性质、电极的几何形状、带电体电位高低及放电过程中呈现的类型的影响。由于导体和非导体上静电荷自由程度不同,即使两者的带电态(电压、电容、电量等)相同,其放电量以及放电速度也有显著不同。带静电的物体为导体,尤其是金属,如果发生放电,在一般的情况下,是将所储存的静电能量几乎全部变成放电能量放出。因此,导体上所储存的静电能量等于某种可燃气体、粉尘等的最小点火能量时,则可能产生引爆或火灾的危险。导体积聚的静电能量,可通过其静电电压和电容或电量,按照下式进行计算。

$$W = 0.5CV^2 = 0.5QV^2 = 0.5Q^2/C \qquad (5\text{-}1)$$

式中　$W$——静电能量,J;

　　　　$C$——放电两极之间的电容,F;

　　　　$V$——放电两极之间的电位差,V;

　　　　$Q$——带电电量,Q;

非导体放电时,一般情况下为局部放电。它不能一次将其所储存的静电荷全部释放出来,其释放的能量不能采用带电导体放电能量的计算方法计算,而常用试验测试或经验法测量或估算。这里只给出对部分带电非导体放电能量的大致判断标准:带电非导体电位约 1 kV 以上,电荷密度 $1 \times 10^{-7}$ Q·m$^{-2}$ 以上,其局部放电能量可达数百微焦;若静电位达到 20~30 kV 以上,则产生的静电放电可引燃最小点火能量较高的可燃蒸气或粉尘。

②查清被静电放电引爆燃烧的物质,分析或测定其最小点火能量。静电火灾是由静电放电释放的火花能量对放电通道中可燃物的点燃作用引起的。因此,在估算或测定静电放电能量等于或大于可燃物最小点火能量时,静电火灾才可能形成。

通过调查或现场取样分析确定最先被引爆的物质后,应分析和测试在现场该物质的最小点火能量。常温常压条件下,可燃气体、蒸气和可燃粉尘的最小点火能量可查阅有关资料中的文献值。二硫化碳($CS_2$)最小点火能量最低,为0.009 mJ;氢气($H_2$)和乙炔($C_2H_2$),均为 0.19 mJ;大部分烃类气体或蒸气都在0.2 mJ 左右;氨($NH_3$)与空气的混合物所需最小点火能量超过 1 000 mJ。由于静电火花能量一般不超过 1 000 mJ,故静电火花难以使 $NH_3$ 着火。粉尘的最小点火能量比可燃气体或蒸汽的最小点火能量大几倍甚至上百倍。

在利用有关文献的数据时,应注意这些数据是在常温常压,可燃气体,蒸汽或粉尘与空气按化学式计量浓度配比的条件下测得的。当现场条件偏离这些规定条件较多时,可燃物在现场条件下的最小点火能量会与文献值有差距。例如,可燃物在空气中的浓度偏离化学计量浓度时,所需点火能量将增大(实际上最小能量在稍低于化学计量浓度时最低);而当压力、温度增高,含氧量增加时,所需最小点火能量则相应减少;若可燃气体、蒸气与纯氧按化学式计量比混合,其最小点火能量将为在空气中的最小点火能量的 1/100~1/200。此外,粉尘的最小点火能量受所处状态影响。例如,多数金属粉尘在堆积状态下的最小点火能量小于悬浮状态下的最小点火能量,有些火药也有这种性质;但是,大多数有机粉尘在悬浮状态下却比堆积状态下的最小点火能量小。

(3)调查分析现场客观环境状况,进行综合判断

现场客观环境状况对静电积累和放电有很大的影响。现场的空气相对湿度、静电接地情况、输送可燃液体的流速、静电电荷自然泄放时间、现场各种防静电技术和措施等是影响静电积累和放电的主要因素。下面主要分析湿度、接地和流速的影响情况。

①湿度。静电火灾事故及其实验均表明静电的产生和积累与环境的相对湿度有密切关系。例如,某粉尘在筛选过程中,相对湿度低于 50% 时,测得容器静电电压为 40 kV;相对湿度为 56%~80% 时,静电电压降低到 18 kV;相对湿度超过 80% 时,静电压降至 11 kV。

一般地说,周围环境空气越干燥越容易产生和积累静电。空气中的湿气可降低物质表面的电阻。促进静电的泄漏,抑制静电的积累。随着空气湿度的增加,物质(尤其是静电非导体)表面上形成薄层水膜,水膜中含有杂质和溶解的物质,这些物质有较好的导体电性,使得物体表面的电阻大大地降低。然而,对于表面不被水湿润的静电非导体,湿度对静电泄漏影响很小。对于孤立的带电体(不论导体或非导体),空气相对湿度高,虽然其表面能形成水膜,但因无泄漏静电的途径,湿度对带电体的静电无影响。因而,一旦发生静电放电,由于孤立带电体表面的电荷集中,其放电火花比较强烈。

湿度对静电危险性影响程度,可按如下经验进行初步判断:空气相对湿度超过 70%,静电积累和放电难以发生;空气相对湿度低于 30%,静电易于积累,其危险性较大。

②静电接地和跨接。静电接地的目的在于人为地将带电体与大地造成一个等电位体,不致因静电电位差造成火花;跨接则是使金属设备以及各管线之间维持一个等电位,或当有杂散电流时,以便提供一个良好的通道,避免在断路

处产生火花。金属设备和装置使用良好的静电接地和跨接装置可消除静电危害。

火灾现场调查时,应注意如下部位的接地和跨接情况:

a. 易产生静电的金属部位是否接地。

b. 与产生静电部位不相连接但相邻的金属部分是否接地。邻近金属的两端都需接地,若一端接地,另一端的感应静电仍然有放电的可能。

c. 有可能发生火花放电的金属体的间隙是否跨接。

d. 现场起火前人体是否有防静电着装,地面是否铺有防静电地板。

静电接地良好与否取决于接地电阻值。由于静电电流为微安级($10^{-6}$),若要求接地体造成的电位差不超过 10 V,那么接地电阻最大可以取到 $10^6$ Ω。如果把电流取到 $10^{-6}$ A,电压差取到 0.1 V,再考虑到使用方便,静电接地装置的金属导体部分的总电阻值小于 1 000 Ω 即可。对于跨接,要求的跨接导线电阻小于 0.01 Ω。

值得注意的是,对于易产生和积累静电的高绝缘性材料(电阻率>$10^6$ Ω·m)的固体或液体,采用静电接地来消除静电的效果是不大的。例如,接地良好的金属容器消除不了油品内静电的产生和积累。如果企图在这些绝缘性油品中设立金属网并利用良好接地来消除静电,效果还会背道而驰。因为金属网不能增加绝缘液体的导电性,反而增加了固体和液体相接触的面积,给新静电电荷的产生制造了良好机会。

③流速。油品在管道中流动所产生的静电电流或电荷密度的饱和值与油品流速的平方成正比。式(5-2)是液态烃类燃料油在输送和装卸管内流动时能否产生危险静电的判断式。

$$U^2 D \leqslant 0.64 \qquad\qquad (5\text{-}2)$$

式中　$U$——烃类燃料油在管中的流速,m·s$^{-1}$;

　　　　$D$——管道的直径,m。

油罐灌注时,注油管在容器顶部喷洒装油,在鹤管未侵入油面之前,其线速度超过 1 m·s$^{-1}$,或当鹤管没入油面后,线速度超过 6 m·s$^{-1}$,这均会产生危险的静电。但是,若油品中加入了抗静电添加剂,则流速的影响不大。

(4)模拟测试

为了验证调查和分析的结论,条件允许时,应进行模拟测试。根据测试结果进一步确定静电产生和放电以及引爆可燃物的可能性。

模拟测试可分为现场模拟测试和实验室模型测试。现场模拟测试是指对类似操作工作中静电带电体进行的有关静电的测量,如静电电压、电容、电量、物体的电阻率、环境温度和湿度等,以取得判断静电火灾原因的参考数据。实验室模型测试是根据火灾调查的现场工艺、流程和设备装置情况,在实验室里建立小型相类似的模型,在模型上重复火灾前的作业内容,观察所出现的各种静电现象,并用适当仪器进行静电测试,以取得静电数据作为参考。

模型测试提供比单纯现场模拟测试更多的静电数据,尤其是在现场的某些影响因素易变而难以确定的情况下,模拟测试可在该因素较大的变动范围下,进行多次测量。对于破坏严重,也没有相类似工序的现场应考虑用实验模型测试法。

然而,值得注意的是,模拟测试必须忠实于或尽可能地相似于火场实际状况,绝不允许任意改变,以保证测试结果接近实际情况。

# 第6章
## 雷电灾害评估

## 6.1　概述

雷电是发生在雷暴云之间或雷暴云对地面放电的一种自然现象。雷电对国民经济建设有较大危害,特别是随着经济快速发展,人们生活水平不断提高,高层建筑日益增多,各种高科技电子设备广泛应用,雷电灾害给国民经济建设和人民生命财产造成巨大损失和严重危害。雷电可破坏高压输电线路、引起森林火灾、影响现代通讯设备和计算机的使用,造成飞行事故、破坏建筑物、造成人畜伤亡等。

无论是在雷电灾害预警与防御阶段,还是在灾后应急处置、调查与恢复重建等阶段,都需要对雷电灾害进行评估并划分其灾害等级。对雷电灾害评估是雷电灾害调查的重要内容。目前,国内外已有不少研究者对此进行了探索并取得了一定进展。郭虎等初步建立了北京市雷电灾情的综合评估模式,印华对重庆地区某年的雷电活动情况进行了统计分析,李家启等对雷电灾害调查及其风险评估进行了比较全面的分析,并制定了我国第一部雷电灾害调查技术规范。虽然该标准对雷电灾害评估和灾害等级划分做了初步规定,但只是参照安全生产事故处理经验。就雷电灾害而言,它还缺乏针对性,不能对雷电灾情进行定量分析。

## 6.2　雷电灾害评估内容与作用

### 6.2.1　评估内容

由于雷电灾害造成的影响涉及社会的各个方面,是一个十分复杂的问题,因此,现在还不可能十分精确地计算出这种损失和影响。但是,为了减轻雷电灾害造成的损失和影响,了解雷电灾害造成的后果,就需要对这种损失和影响

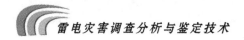

进行评估。目前,对雷电灾害评估主要包含以下几项内容:对雷电灾害所造成的人员伤亡、财产损失和对灾害管理进行的综合评定;对灾害发生后造成的危害和影响程度的评价;以人和社会的危害性影响为中心,对灾害所造成的危害程度、范围和规模作出评估。

### 6.2.2　主要作用

雷电灾害评估的主要作用表现为如下几个方面:一是为救灾工作提供直接、客观的依据。雷电灾害评估的直接目的是救灾,救灾工作能否快速、高效地开展,主要取决于能否对灾情进行快捷、简便、准确地掌握,为救灾决策部门提供科学依据。做好雷电灾害评估工作,既可避免因对灾情估计过低而导致救灾投入不足,贻误救灾时机,又可以避免因对灾情估计过重而组织不必要的救灾力量,造成浪费和社会不安。二是推动救灾分级管理工作的开展。通过科学的雷电灾情评估,把雷电灾害比较准确地划分为不同的级别,明确哪级灾害由哪一级政府负责,为雷电灾害的分级管理工作提供依据,从而推动防雷救灾分级管理工作的开展。三是便于救灾款物的发放和灾后恢复重建工作的开展。通过雷电灾情评估,能够明确雷电灾害大小和确定灾后恢复重建的重点,减少了主观估算造成的盲目性,便于有关单位的决策和部署。

## 6.3　雷电灾害评估指标体系结构

雷电灾害评估指标体系结构是雷电灾害评估的框架,是由雷电灾害指标按一定逻辑结构组合而构成的具有科学结构、能够描述雷电灾情的体系。本书分为社会生活、生产经营和环境影响损失等方面来阐述该体系。

### 6.3.1　建立的基本原则

雷电灾情评估指标体系是灾情评估的依据框架,其指标的量化方法很多,但作为评估依据的指标需要具有一定的稳定性,它的建立是在一定的原则指导下,进行实际的调查分析后确定的,在建立灾情评估指标体系时,应遵循以下四项基本原则:一是适用性原则。雷电灾情评估体系所用的指标,应与目前的灾情统计与调查指标尽量保持一致,指标体系的逻辑结构必须符合社会生活所固有的客观结构,体系结构的表达方式必须有利于体系描述目标的实现和体系功能的发挥,便于防雷主管、安全监管等部门评估灾情。二是完备性原则。雷电灾情评估指标体系中,每个指标必须科学、简明。指标体系的逻辑结构必须具有最大的兼容性,能够包容雷电灾害的各个方面和全部内容。三是独立性原则。各评估指标应具有相互独立性,它们各自代表不同的物理概念和受灾方面,对总损失的贡献不相互包容。四是层次性原则。雷电灾情涉及人们的生产、生活,反映灾情的指标也应有不同的层次,这样才能系统、准确地反映灾情,满足不同层次和目的的灾情评估需要。

### 6.3.2　雷电灾害网络

建立雷电灾害体系,必须要对雷电灾害进行全面、系统地分析。雷电灾害涉及社会生活、生产经营和环境影响等方面,而每个方面又涉及若干部分(在社会生活中,往往归属于多个部门管理),每部分又包含若干个因素。这样,就构成一个具有一定层次关系的复杂雷电灾害网络图(图 6.1)。

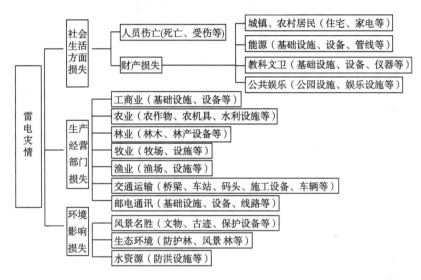

图 6.1　雷电灾害网络

在实际雷电成灾过程中,一次雷电灾害可能涉及图 6.1 列出的所有方面,也可能只涉及其中几个方面;并且在不同地区、不同类型的雷电灾害中,其灾害的严重程度也各不相同。因此,在调查、评估雷电灾害时,应综合考虑影响雷电成灾以及灾害损失的各个方面。

### 6.3.3　指标体系层次结构

依据雷电灾害网络分析结果,在建立指标体系的原则下,建立体系逻辑关系,构成雷电灾害评估指标体系的层次结构模型(图 6.2),它由下面三个层次组成:

目标层:处于模型的最高层,它表示雷电灾害评估要达到的目的,用雷电成灾度来表示,其综合反映雷电灾害的大小。

准则层:处于模型的次高层,它是实现总目标的原则要求。在雷电灾害评估中,则要求能反映出经济损失、社会影响和环境损害这三方面的基本损失。

指标层:处于模型的底层,它是实现准则的具体手段,其反映某一类型灾害的损失总和。

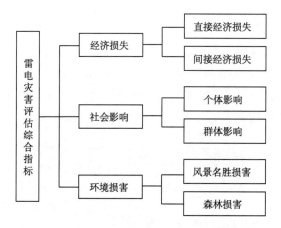

图 6.2　雷电灾害评估指标体系层次结构模型

## 6.4　雷电灾害评估模型

### 6.4.1　指标体系

根据上述雷电灾害指标选取原则,结合评估指标体系层次结构模型,选择能全面、客观反映雷电灾害的具体评估指标,各指标的具体确定方法见表 6.1。

表 6.1　雷电灾害评估指标的含义与确定方法

| 评估准则 | 评估指标 | | 指标含义（雷电灾害导致的） | 确定方法 | 备注 |
|---|---|---|---|---|---|
| | 类型指标 | 基础指标 | | | |
| 经济损失 | 直接经济损失 | 个体或生产部门财产损失/万元 | 财产直接损失量 | 受灾财产损失逐项统计求和 | 采用当年市场价 |
| | 间接经济损失 | 间接影响生产或生活损失/万元 | 财产间接损失量 | 受灾财产损失逐项统计求和 | 采用当年市场价 |
| 社会影响 | 个体影响 | 死亡人数/人 | 人员死亡 | 死亡人数统计求和 | 丧葬费计入间接经济损失 |
| | | 伤残人数/人 | 人员伤残 | 伤残人数统计求和 | 医疗费计入间接经济损失 |
| | 群体影响 | 影响工作量/（人·天） | 误工情况 | 误工人数乘以误工天数统计求和 | 误工导致生产部门损失计入间接经济损失 |

续表

| 评估准则 | 评估指标 | | 指标含义<br>(雷电灾害导致的) | 确定方法 | 备注 |
|---|---|---|---|---|---|
| | 类型指标 | 基础指标 | | | |
| 环境损害 | 名胜古迹损毁 | 名胜古迹损毁量(件数) | 名胜古迹损毁 | 依据损毁程度确定 | 维修费用计入间接经济损失 |
| | 森林损毁 | 森林损毁量(hm²) | 林场损毁 | 受灾公顷数统计求和 | 木材毁坏计入直接经济损失 |

## 6.4.2　指标的量化分析

经济损失和社会影响方面指标比较好量化,但环境损害方面指标处理问题较抽象。因为,环境损害因子性质差异较大,难以用统一标准表述,并且环境对人类影响具有潜在性。此外,需要对不同类型指标按一定标准定量化,指标量化将直接影响最后的灾度值。通过雷电灾害资料分析,参考国内其他灾种指标量化方法,本文确定了雷电灾害量纲换算(表 6.2),即灾害指标分别为特别严重、严重、较重和一般灾害时,其值分别取 100、80、50 和 20。

### 表 6.2　雷电灾情量纲换算表

| 灾情指标 | 特别严重 | 严重 | 较重 | 一般 |
|---|---|---|---|---|
| 直接经济损失 $E_1$(万元) | $E_1 \geq 20$ | $20 > E_1 \geq 10$ | $10 > E_1 \geq 5$ | $E_1 < 5$ |
| 间接经济损失 $E_2$(万元) | $E_2 \geq 20$ | $200 > E_2 \geq 100$ | $100 > E_2 \geq 50$ | $E_2 < 50$ |
| 死亡人数 $M_1$(人) | $M_1 \geq 10$ | $10 > M_1 \geq 5$ | $5 > M_1 \geq 2$ | $M_1 < 2$ |
| 伤残人数 $M_2$(人) | $M_2 \geq 10$ | $10 > M_2 \geq 5$ | $5 > M_2 \geq 2$ | $M_2 < 2$ |
| 误工情况 $M_3$(人·d) | $M_3 \geq 200$ | $200 > M_3 \geq 100$ | $100 > M_3 \geq 50$ | $M_3 < 50$ |
| 名胜损毁 $N_1$ | 古迹受到严重破坏,部分损毁古迹无法修复 | 古迹受到严重破坏,小部分损毁古迹无法修复。 | 古迹受到较严重破坏,可以修复但有一定难度。 | 古迹受到轻微破坏,容易修复。 |
| 森林损毁情况 $N_2$(hm²) | $N_2 \geq 667$ | $667 > N_2 \geq 330$ | $330 > N_2 \geq 67$ | $N_2 < 67$ |

## 6.4.3　综合评估模型

各层次的评估指标类型庞杂,重要性各不相同,因此需要计算出各指标的重要程度权重值,为标准化综合定量评价提供数量基础。因此,本节通过专家评判、构造评判矩阵、层次排序和一致性检验等步骤,即层次分析方法确定出各因子权重。从而得出雷电灾害综合评估指标体系(图 6.3),以及雷电灾害灾度计算公式

$$S = (0.766E_1 + 0.224E_2)/2 + (0.677M_1 + 0.195M_2 + 0.128M_3)/3$$
$$+ (0.512N_1 + 0.488N_2)/2 \qquad (1)$$

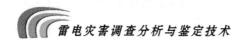

式中，$M_1$，$M_2$，$M_3$，$E_1$，$E_2$，$N_1$ 和 $N_2$ 的含义见图 6.3。式(1)适用于雷电灾情发生后，从受灾方的社会影响、经济损失和环境损害这三方面进行灾情评估。

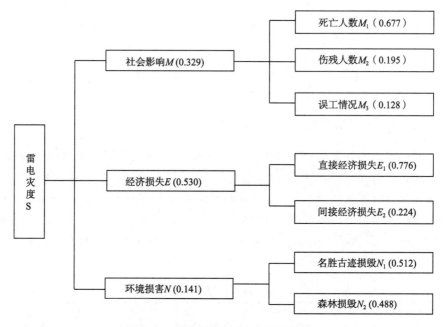

图 6.3 雷电灾情综合评估指标体系

## 6.5 雷电灾害等级

利用式(1)计算出的雷电成灾度值($S$)的大小可直接反映出雷电灾害的相对损失程度，具有雷电灾害同类可比性。依据 $S$ 的大小将雷电灾情划分为四个等级，划分标准见表 6.3。

**表 6.3 雷电灾害等级划分**

| 雷电灾害等级 | 特别严重 | 严重 | 较重 | 一般 |
| --- | --- | --- | --- | --- |
| 等级标准 | $S>40$ | $40\geqslant S>25$ | $25\geqslant S>10$ | $S\leqslant 10$ |

## 6.6 应用分析

雷电灾害评估的步骤是：(1)分析灾害，提取所需灾害资料；(2)根据表 6.1，确定灾害相关指标；(3)根据表 6.2，对灾害指标进行量纲换算；(4)利用雷电灾害灾度计算公式，计算雷电灾害灾度值；(5)根据表 6.3 判断雷电灾害的等级。

**案例 1** 1996 年 6 月 5 日 22 时 30 分，重庆某农机公司加油站被雷击引起油罐库内油蒸汽发生爆炸,造成火灾,烧死 4 人,烧毁砖混结构建筑物 160 m²,烧毁加油机油罐等,直接经济损失 85439 元。

评估步骤:

(1)通过雷电灾害调查,有死亡人数和直接经济损失两项评估指标,其值分别为 4 人和 85439 元;

(2)根据表 6.2 的量纲换算,死亡人数和直接经济损失均为较重级,$M_1 = E_1 = 50$;

(3)根据雷电灾度计算公式,$S = 0.766E_1/2 + 0.677M_1/3 = 0.766 \times 50/2 + 0.677 \times 50/3 \approx 30.4$;

(4)查表 6.3,可知此次雷电灾害为严重雷电灾害。

**案例 2**　2007 年 4 月 1 日 19 时,重庆忠垫高速公路 K128+680 段工地发生惨剧,公路工地工棚内正在吃饭的 10 名工人遭遇雷击,造成 5 死 5 伤。

评估步骤:

(1)通过雷电灾害调查,有死亡人数、伤残人数和务工情况三项评估指标,其值分别为 5 人、5 人和 150 天;

(2)根据表 6.2 的量纲换算,死亡人数、伤残人数和务工情况均达到严重级,$M_1 = M_2 = M_3 = 80$;

(3)根据雷电灾度计算公式,$S = (0.677M_1 + 0.195M_2 + 0.128 M_3)/3 = (0.677 \times 80 + 0.195 \times 80 + 0.128 \times 80)/3 \approx 26.7$;

(4)查表 6.3,此次雷电灾害为严重雷电灾害。

将以上得到的评估结果与基于生产实践经验的重庆市地方标准《雷电灾害调查与鉴定技术规范》中的"雷电灾害分类"进行比较,两者的雷电灾害分类是一致的,从而验证了本方法的科学性和正确性,并给出了两次灾害的定量分析值(分别为 30.4 和 26.7)。

# 第 7 章
# 雷电灾害事故分析典型案例

## 7.1　黄岛油库 8·12 特大火灾爆炸事故

1989 年 8 月 12 日 09 时 55 分,中国石油天然气总公司管理局胜利输油公司黄岛油库发生了一起特大火灾爆炸事故。事故发生后,有关主管部门先后调动各地、市、齐鲁石化公司等部门单位公安消防队,共 117 辆消防车、10 艘船只、2 200 余名消防指战员参加灭火战斗。在国务院统一组织下,从全国各地紧急调运了 153 t 泡沫灭火及干粉,人民解放军也派出了消防救生船和水上飞机、直升机参加灭火抢险战斗。经过灭火人员的奋力扑救,终于在 16 日 18 时将大火全部扑灭。这起特大火灾爆炸事故损失十分严重。着火前后共燃烧 104 小时,烧掉原油 3.6×10⁴ t,烧毁油罐 5 座,占地 250 亩①的老罐区和生产区的设施全

图 7.1　黄岛油库雷击事故现场

①　1 亩＝1/15 hm²,下同。

部烧毁,事故造成直接经济损失 3 540 万元,其中油库损失 940 万元。若算上海洋污染损失与清除费、海产品养殖损失,海路和公路阻断停产停工,以及其他间接经济损失,全部损失金额不少于 8 500 万元。在救火过程中 10 辆消防车被烧毁,有 19 人牺牲、100 多人受伤,其中公安消防人员牺牲 14 人,负伤 85 人。这样巨大的经济损失和人员伤亡,新中国成立以来在石油储运系统尚属首次。

### 7.1.1　基本情况

黄岛油库区始建于 1973 年,该油库老罐区建有 5 座油罐设计储油量为 $7.6×10^4 m^3$,其中 1~3 号罐为 $1×10^4 m^3$ 的梁柱式金属罐,4 和 5 号罐为 $2.3×10^4 m^3$ 的半地下混凝土油罐。在老罐区西北部,还有一座储量为 $15×10^4 m^3$ 的地下水封油库。新罐区位于老罐区北面 100 m 处,建有 6 座 $5×10^4 m^3$ 的浮顶罐。胜利油田开采出的原油经东(营)黄(岛)长输管线输送到黄岛油库后,由青岛港务局油码头装船运往各地,年设计输油能力为 10 Mt。黄岛油库原油储存能力 $76×10^4 m^3$,成品油储存能力约 $6×10^4 m^3$,是我国三大海港输油专用码头之一。

### 7.1.2　事故经过

8 月 12 日 09 时 55 分,$2.3×10^4 m^3$ 原油储量的 5 号混凝土油罐突然爆炸起火。到下午 14 时 05 分,青岛地区西北风,风力增至 4 级以上,几百米高的火焰向东南方向倾斜。燃烧了 4 个多小时。5 号罐里的原油随着轻油馏分的蒸发燃烧,形成速度约 $1.5 m·h^{-1}$、温度为 150~300 ℃ 的热波向油层下部传递。当热波传至油罐底都的水层时,罐底部的积水、原油中的乳化水以及灭火时泡沫中的水气化,使原油猛烈沸溢,喷向空中。撒落四周地面。下午 15 时左右,喷溅的油火点燃了位于东侧方向相距 5 号油罐 37 m 处的另一座相同结构的 4 号油罐顶部的泄漏油气层,引起爆炸。炸飞的 4 号罐顶混凝土碎块将相邻 30 m 处的 1~3 号金属油罐顶部震裂,造成油气外漏。约 1 分钟后,5 号罐喷溅的油火又先后点燃了 3~1 号油罐的外漏油气,引起爆燃,整个老罐区陷入一片火海。失控的外溢原油像火山喷发出的岩浆,在地面上四处流淌。大火分成三股,一部分油火翻过 5 号罐北侧 1 m 高的矮墙,进入储油规模为 $30×10^4 m^3$ 全套引进日本工艺装备的新罐区的 1,2 和 6 号浮顶式金属罐的四周。烈焰和浓烟烧黑 3 罐罐壁,其中 2 号罐壁隔热钢板很快被烧红。另一部分油火沿着地下管沟流淌,汇同输油管网外溢原油形成地下火网。还有一部分油火向北,从生产区的消防泵房一直烧到车库、化验室和锅炉房。向东从变电站一直引烧到装船泵房、计量站、加热炉。火海席卷着整个生产区,东路、北路的两路油火汇合成一路,烧过油库 1 号大门,沿着新港公路向位于低处的黄岛油港烧去。大火殃及青岛化工进出口黄岛分公司、航务二公司四处、黄岛商检局、管道局仓库和

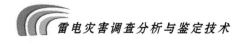 

建港指挥部仓库等单位。18 时左右,部分外溢原油沿着地面管沟、低洼路面流入胶州湾。大约 600 t 油水在胶州湾海面形成几条十几海里①长、几百米宽的污染带,造成胶州湾有史以来最严重的海洋污染。

### 7.1.3　抢险救灾

黄岛油库起火爆炸后,11 时 05 分,20 部消防车载着 200 名消防队员渡海赶到现场。11 时 50 分,5 号罐火势还在增强。而 5 号罐东南 37 m 处就是储油 3 000 t 的 4 号罐,与其紧密相连的是各储存万吨原油的 1～3 号罐。北面与 5 号罐毗邻的是青岛港油库,这里有大小储油罐 15 个,以及两个分别为 $5 \times 10^4$ 和 $20 \times 10^4$ t 级的码头。由于 5 号罐火势极大,消防队员无法靠近,指挥部决定集中优势兵力为 4 号罐顶降温,同时在 5 与 4 号罐之间用水枪织成水帘,阻止 5 号罐的烈火向 4 号罐及其他罐蔓延,并且调集力量对 1～3 号罐降温,在各个罐之间设置防火墙。

至 14 时左右,风向突然由东南风转为西北风,稳定燃烧达 4 小时的 5 号罐大火发生巨大变化,黑烟化为火焰,火光由橙红变为白色,耀亮刺目,高达 300 m 的火焰扑向 4 号罐和 1～3 号罐。14 时 35 分,指挥员急命战士撤离,命令刚下达 10 秒,4 号罐猝然爆炸。3 000 多 $m^2$ 的水泥罐顶揭盖而起,3 000 多 t 原油冲向天空,几乎同一瞬间,1～3 号罐也先后爆炸起火,3 万多 t 原油倾泻而出,到处是一片火海,形成了 $15 \times 10^4$ $m^2$ 的大面积火灾。被气浪冲向高空的石块与油、火混在一起,雨点般撒向地面。大爆炸中有 14 名消防战士、5 名工人牺牲,84 名消防战士负伤,7 辆消防车、2 辆指挥车化为灰烬。

在老罐区 5 座油罐相继爆炸、燃烧后,救火人员又采取各种手段堵截老罐区油火外溢,竭尽全力保住新罐区和油港码头救火人员通过海水冷却、撒干粉灭火、用沙土建隔离墙等保护措施,有效地防止了火势的进一步扩大。从 13 日凌晨起,先后出动 100 多辆泡沫车、干粉车和水罐车,对威胁新罐区最大的 5 和 3 号油罐轮番进行灭火。13 日 11 时 5 号罐火势得到抑制,14 时 20 分 5,1 及 2 号罐火势基本熄灭。14 日 19 时 3 号罐火势熄灭。在扑灭所有明火后,又采取灌注泡沫、运砂堵截等方式、继续扑灭管沟和地面的残火、暗火。16 日 18 时终于将油库内的残火、暗火全部扑灭。

事故发生后,社会各界积极行动起来。全力投入抢险灭火的战斗。在大火迅速蔓延的关键时刻,党中央和国务院对这起震惊全国的特大恶性事故给予了极大关注。江泽民总书记先后 11 次打电话向青岛市人民政府询问灾情。李鹏总理于 13 日 11 时乘飞机赶赴青岛,亲临火灾现场视察指导救灾。李鹏总理指出:"要千方百计把火情控制住,一定要防止大火蔓延,确保整个油港的安全。"

---

① 1 海里＝1 852 m,下同。

山东省和青岛市的负责同志及时赶赴火场进行了明确的指挥。青岛市全力投入灭火战斗,党政军民一万余人全力以赴抢险救灾,山东省各地市、胜利油田、齐鲁石化公司的公安消防部门,青岛市公安消防支队及部分企业消防队,共出动消防干警 1 000 多人,消防车 147 辆,黄岛区组织了几千人的抢救突击队出动各种船只 10 艘。

在国务院的统一组织下,全国各地紧急调运了 153 t 泡沫灭火液及干粉。北海舰队也派出消防救生船和水上飞机、直升机参与灭火,抢运伤员。

经过浴血奋战,13 日 12 时火势得到控制,14 日 19 时大火被扑灭,16 日 18 时油区内的残火、地沟暗火全部熄灭,黄岛灭火取得了决定性的胜利。油库于 16 日下午恢复供水,17 时 30 分开始间断性输油,17 日 17 时 35 分正常供油。

### 7.1.4　事故原因分析

(1)5 号罐起火爆炸原因

非金属油罐本身存在的缺陷,遭受对地雷击产生感应火花而引爆油气,是黄岛油库特大火灾事故的直接原因。

事故发生后,4 和 5 号两座半地下混凝土石壁油罐被烧塌,1～3 号拱顶金属油罐被烧塌,给现场勘察、分析事故原因带来很大困难。在排除人为破坏、明火作业、静电引爆等因素和实测避雷针接地良好的基础上。根据当时的气象情况和有关人员的证词(当时,青岛地区为雷雨天气),经过深入调查和科学论证,事故原因的焦点集中在雷击的形式上。混凝土油罐遭受雷击引爆的形式主要有六种:一是球状闪电雷击;二是直击避雷针感应电压产生火花;三是雷电直接燃爆油气;四是空中雷放电引起感应电压产生火花;五是绕击雷直击;六是罐区周围对地雷击感应电压产生火花。

经过对以上雷击形式的勘察取证、综合分析,5 号油罐爆炸起火的原因,排除了前四种雷击形式;第五种雷击形成可能性极小,理由是:绕击雷绕击率在平地是 0.4%,山地是 1%,概率很小;绕击雷的特征是小雷绕去,避雷针越高绕击的可能性越大。当时青岛地区的雷电强度属中等强度,5 号罐的避雷针高度为 30 m,属较低的,故绕击的可能性不大;经现场发掘和清查,罐体上未找到雷击痕迹。因此绕击雷也可以排除。

事故原因极大可能是由于该库区遭受对地雷击产生感应火花而引爆油气。根据是:

①8 月 12 日 09 时 55 分左右,有 6 人从不同地点目击,5 号油罐起火前,在该区域有对地雷击。

②中国科学院空间中心测得:当时该地区曾有过两三次落地雷,最大一次电流 104 kA。当巨大的雷电流通过罐体上的金属部件时,将会发生静电感应和

电磁感应。静电感应是由于雷云接近地面,在罐体凸出物(如排气管)感应出大量异性电荷而引起的。在雷云与其他部位放电后,凸出物上的电荷失去束缚,来不及流散,同时产生很高的静电电压并以雷击波形式沿凸出物极快地传播,甚易产生火花放电、并可点燃罐顶油气混合物。电磁感应是由于雷击后,巨大的雷电流在周围空间产生迅速变化的强磁场而引起的。这种磁场能在罐体附近导体上感应出极高的电压,在极短的时间内散发出大量的热量。如遇排气管附近的可燃物亦可引燃致爆。

③5号罐的罐体结构设施均存在隐患。5号油罐的罐体结构及罐顶设施随着使用年限的延长,预制板裂缝和保护层脱落,使钢筋外露,排气管系用铆管制成,但没有安装阻火器。罐顶部防感应雷屏蔽网连接处均用铁卡压固。油品取样孔采用9层铁丝网覆盖。5号罐体中钢筋及金属部件的电气连接不可靠的地方颇多,均有感应电压而产生火花放电的可能性,

④根据电气原理,$50 \sim 60$ m 以外的天空或地面雷感应,可使电气设施 $100 \sim 200$ mm 的间隙放电。从5号油罐的金属间隙看,在周围几百米内有对地的雷击时,只要有几百伏的感应电压就可以产生火花放电。

⑤5号油罐自8月12日02时起直至09时55分起火时,一直在进油,共输入 $1.5 \times 10^4$ m³ 原油。与此同时,必然向罐顶周围排放同等体积的油气,使罐外顶部形成一层达到爆炸极限的油气层。此外,根据油气分层原理,罐内大部分空间的油气虽处于爆炸上限,但由于油气分布不均匀,通气孔及罐体裂缝处的油气浓度较低,仍处于安全爆炸极限范围。

(2)4号罐起火爆炸原因

5号罐爆炸前,4号罐已发油 7 200 t,吸入空气约 9 000 m³,此时,4号罐内油气处于爆炸范围之内。

在5号罐爆炸燃烧过程中,虽然对4号罐进行了冷却,罐顶的呼吸管及呼吸孔顶采取了覆盖毛毡、垫子及被褥等措施,但因受到来自5号罐的辐射热,罐内气体空间温度还是在逐渐上升。随着时间的延长,温度越来越高。由于混凝土油罐先天性缺陷(气密性很差)和使用时间较长,以及遭到5号罐爆炸震动等影响,罐顶的接缝等处形成较大的孔隙或孔洞。这些孔隙和孔洞在油罐内压不断增大的情况下不断吹罐顶上部土壤,形成排气通道,把油气排出罐外。

在5号罐燃烧过程中形成的热波,以 $1$ m·h$^{-1}$ 的传播速度向罐底扩散,其温度为 $150 \sim 310$ ℃左右,加热罐底冷油。当燃烧至一定时间时,罐底的水或乳化液被加热至沸点以上,并很快转化为烟气,以 1 700 倍的体积膨胀. 大量蒸气气泡通过黏性油层被泡沫夹带出,甚至被强大的蒸汽膨胀力甩出罐外,继而点燃了4号罐外的油气层。由于罐顶排气管上没有安装阻火器,致使罐顶火焰窜入罐内,酿成爆炸事故。

(3)1～3 号罐起火爆炸原因

5 号罐爆炸前,1 号罐已发油约 41 000 t,吸入空气约 5 000 m³,2 和 3 号罐分别存油 7 546.395 及 7 394.98 t,处于满罐状态。从油气状况分析,1 号罐处于爆炸范围内,2 和 3 号罐均处于富气状态。

5 号罐爆炸起火时,虽然对 1～3 号罐进行了冷却,但由于受到强烈辐射热的影响,罐内温度仍呈上升趋势。压力也在上升。1～3 号罐均是梁柱式罐顶,其承压能力极低,在内压过高的情况下,罐顶会出现局部撕裂,产生裂缝,使油气外泄,在罐外形成点火源。

从油罐顶有散落顶盖碎片来看,也有可能在 4 号罐爆炸时,顶盖爆飞,落向 1～3 号罐,把油罐顶砸破,造成泄漏,而形成罐外点火源。

在上述条件下,当 5 号罐沸溢喷溅时,喷溅的火星先后点燃 1,2 和 3 号罐外的油气混合物。因 1 号罐油气处于爆炸范围内,因而引起爆炸,将罐顶炸飞,而 2 和 3 号罐因油气处于富气状态,故只在破裂处燃烧。

## 7.1.5  事故教训与改进措施

### 7.1.5.1  事故教训

尽管这次火灾爆炸事故原因比较复杂,有些还是很难预料到的。然而,从这一事故中却也反映出该油库在设计、使用和管理等方面确实存在些问题,值得认真思考。

(1)油库规划布局存在缺陷。黄岛油库区储油规模过大,生产布局不合理。黄岛面积仅 5.33 km²,却有黄岛油库和青岛港务局油港两家油库区分布在不到 1.5 km 的坡地上。早在 1975 年就形成了 34.1×10⁴ m³ 的储油规模。但自 1983 年以来,国家有关部门先后下达指标和投资,使黄岛储油规模扩大到出事前的 76×10⁴ m³,从而形成油库区相连、罐群密集的布局。黄岛油库老罐区 5 座油罐建在半山坡上,输油生产区建在近邻的山脚下。这种设计只考虑利用自然高度差输油节省电力,而忽视了消防安全要求,影响对油罐的观察巡视。而且一旦发生爆炸火灾,首先殃及生产区,必遭灭顶之灾。这不仅给黄岛油库区的自身安全留下长期隐患,还对胶州湾的安全构成了永久性的威胁。

(2)混凝土油罐先天不足,固有缺陷不易整改。黄岛油库 4 和 5 号混凝土油罐始建于 1973 年。当时我国缺乏钢材,是在战备思想指导下,边设计、边施工、边投产的产物。这种混凝土油罐内部钢筋错综复杂,透光孔、油气呼吸孔、消防管线等金属部件布满罐顶。在使用一定年限以后,混凝土保护层脱落,钢筋外露,在钢筋的捆绑处、间断处易受雷电感应,极易产生放电火花;如遇周围油气在爆炸极限内,则会引起爆炸。混凝土油罐体极不严密,随着使用年限的延长,罐顶预制拱板产生裂缝,形成纵横交错的油气外泄孔隙。混凝土油罐多为常压油罐,罐顶因受承压能力的限制,需设通气孔直通大气,在罐顶周围经常散发油气,形成油气层,是一种潜在的危险因素。

(3)防雷设施不符合要求。混凝土油罐只重储油功能,大多数因陋就简,忽视消防安全和防雷避雷设计,安全系数低,极易遭雷击。1985 年 7 月 15 日,黄岛油库 4 号混凝土油罐遭雷击起火后,为了吸取教训,分别在 4 和 5 号混凝土油罐四周各架了 4 座 30 m 高的避雷针,罐顶部装设了防感应雷屏蔽网,因油罐正处在使用状态,网格连接处无法进行焊接,均用铁卡压接。这次勘察发现,大多数压固点锈蚀严重。经测量一个大火烧过的压固点,电阻值高达 1.56 Ω,远远大于 0.03 Ω 规定值。

(4)消防设计错误,设施落后,力量不足,管理工作跟不上。石油库是消防重点单位,应报批油库规模、火灾危险性和相邻单位消防协作的可能性,配置相应的先进的消防设施,黄岛油库是消防重点保卫单位,实施了以油罐上装设固定式消防设施为主,两辆泡沫消防车、一辆水罐车为辅的消防备战体系,5 号混凝土油罐的消防系统,是一台流量为 900 t・h$^{-1}$、压力为 0.8 MPa(8 kgf/cm$^2$)的泡沫泵和装在罐顶上的 4 排共计 20 个泡沫自动发生器。这次事故发生时,油库消防队冲到罐边用了不到 10 分钟,刚刚爆燃的原油火势不大,淡蓝色的火焰在油面上跳跃,这是及时组织灭火施救的好时机。然而装设在罐顶上的消防设施因平时检查维护困难,不能定期做性能喷射试验,事到临头时不能使用,而当爆炸事故发生时,它也就随着罐顶一起被炸飞。油库自身的泡沫消防车救急不救火,开上去的一辆泡沫消防车面对不太大的火势,也是杯水车薪,无济于事。按照规范要求,油库消防道路的主要出入口不应少于两个,且应尽量位于不同方位;库内消防道路还应做环形布置,当受地形条件限制时,可采用尽头式道路,但在尽头应设置回车道或回车场地;油库消防专用道路最小宽度不应小于 3.5 m。但是黄岛油库库区油罐间的消防通道是路面狭窄、坎坷不平的山坡道,且为无环形道路,消防车没有掉头回旋余地,阻碍了集中优势使用消防车抢险灭火的可能性。油库原有 35 名消防队员,其中 24 人为农民临时合同工,由于缺乏必要的培训,技术素质差,在 7 月 12 日有 12 人自行离库返乡,致使油库消防人员严重缺编。此外,事故发生之后,未能给专职消防人员提供急需的图纸资料,给灭火工作造成了一定的困难。

(5)油库安全生产管理存在不少漏洞。自 1975 年以来,该库已发生雷击、跑油、着火等事故多起,幸亏发现及时,才未酿成严重后果。原石油部 1988 年 3 月 5 日发布了《石油与天然气钻井、开发、储运防火防爆安全管理规定》,而黄岛油库上级主管单位没有将该规定下发给黄岛油库。在这次事故发生前的几个小时雷雨期间内,油库一直在输油,外泄的油气加剧了雷击起火的危险性。4 和 5 号罐罐顶上各有一个用 9 层钢丝网遮盖,且简单捆扎常年敞开的取样孔口(直径 500 mm),这一做法违背了油罐顶必须严密不漏油气的有关规定。在设计油库 1～3 号金属油罐时,储量是 $5 \times 10^3$ m$^3$,而在施工阶段,仅凭胜利油田一位领导的个人意志,就在原设计罐址上改建成 $1 \times 10^4$ m$^3$ 的罐。这样,实际罐间距只有 11.3 m,远远小于安全防火规定间距 33 m。青岛市公安局十几年来曾四次下达火险隐患通知书,要求限期整改,停用中间的 2 号罐。但直到这次事故发生时,始终没有停用 2 号罐。此外,对职工要求不严格,工人劳动纪律松弛,违纪现象时有发生。8 月 12 日上午雷雨时,值班消防人员无人在岗位上巡查,而是在室内打扑克、看电视。事故发生时,自救能力差,配合协助公安消防灭火不得力。

### 7.1.5.2　改进措施

为了认真吸取这次特大火灾事故的惨痛教训,贯彻"安全第一、预防为主"的方针,增强安全意识,做好安全防范工作,防止同类事故再次发生,提出以下改进措施。

(1)非金属油罐是在 20 世纪 60 年代我国缺乏钢材和"靠山隐蔽"适应作战需要的思想指导下设计兴建起来的,在当时起到过一定的作用。但随着时间的推移,油罐自身的缺陷日益显露,事故率明显增加。据不完全统计,这种油罐在全国已发生火灾事故二十余起。考虑到非金属油罐易遭雷击,且一旦着火,罐体暴露面积大,难于扑救,建议今后不再建非金属油罐,现有的此种油罐也应尽快予以淘汰。对目前尚在使用的非金属油罐应立即组织力量,研究和采取措施,提高其对感应雷电的屏蔽能力,减少油气泄漏,消除各类隐患。同时尽快制定非金属油罐维护管理规定,明确规定大修周期和报废年限。

(2)研究改进我国现有的油库区域防雷、防火、防地震、防污染系统,尽快采用高新技术,提高油库自防自救能力。从现在起把这一技术列为专门课题进行研究攻关。规模较大、相对集中的油库、油港,应作为一个消防整体进行规划和布局,包括建立一个海上防污清污的联防网络,对各方面消防力量做到统一配备,统一组织,统一指挥,协同作战。

(3)修改现行的《石油库设计规范》,并对下列问题着重予以考虑:新建油库非金属油罐是否允许使用,库区及罐位选择考虑的安全因素,防火间距不应规定最大间距;管沟是否允许在库区内使用,若允许使用应采取哪些安全措施;对有固定消防设施的油库,消防车辆及人员配备应有明确规定;消防电源需要独立配备、消防泵的位置选择等。

(4)在《油库安全管理规定》中补充下列内容,油罐顶金属附件和罐体外露金属件包括呼吸阀、量油孔、透光孔及检尺孔盖等,均必须与罐顶和屏蔽网做可靠的电气连接并接地,各网、孔的每个法兰必须做跨接线,并经常检查维修,使其保持可靠的电气连接状态。

(5)组织有关部门,对各地油库的防火堤进行次全面检查,对其耐火能力、抗地震能力、抵抗油的静液压及冲击能力做出评定。并对黄岛地区所有储油输油设施,包括地下油库做出安全性评估,加强防范措施,杜绝漏油,消除隐患。

(6)强化职工安全意识,克服麻痹思想。对随时可能发生的重大爆炸火灾事故,增强应变能力,制订必要的消防、抢救、疏散、撤离的安全预案,提高事故应急能力。

(7)应加强油库消防队伍建设。目前油库消防问题相当严重,消防经费无固定来源,专业消防人员和消防设备严重不足,消防人员素质较低,这些问题亟待解决。消防人员根据知识和操作能力分出相应的等级、定期考核演练,建立起必要的奖惩制度。油库非消防人员必须具有一定的消防知识要定期参加考核、演练,以减少专业消防人员,而不削弱消防力量。

(8)各类油品企业及其上级部门必须认真贯彻"安全第一、预防为主"的方针,各级领导在指导思想、工作安排和资金使用上要把防雷、防爆、防火工作放在头等重要的位置,要建立健全的、针对性强、防范措施可行并确实解决问题的规章制度。严格执行《油库安全管理》的要求,在雷雨时,禁止进行轻油的装卸和油罐清洗通气作业,要盖严罐口,并把有关设备电源开关拉开

(9)选用合格的阻火器和呼吸阀。《石油库设计规范》明确规定,储存甲、乙类油品的固定顶油罐(地下非金属油罐也属于固定顶油罐),必须装设阻火器和呼吸阀。储存丙类的油品,应装设通气管。原油根据其闪点,小于 28 ℃ 应为甲类油品,应装设可靠的阻火器和呼吸阀。

(10)油罐之间防火距离应符合要求。根据《石油库设计规范》的规定,甲类液体地上式固定顶油罐储存量在 $1 \times 10^3$ m$^3$ 以上的罐,其防火距离不应小于 0.6D(D 为油罐直径)而黄岛油库 1～3 号拱顶钢质油罐容积为 $1 \times 10^4$ m$^3$,其直径为 31 m 按规范要求其防火距离应不小于 18.6 m 但其实际防火距离仅有 11 m,不符合规范要求。

(11)消防泵房与油罐的防火间距近。根据《石油库设计规范》规定,消防泵房、消防车库距容积 $5 \times 10^3$ m$^3$ 以上的油罐距离不应小于 35 m,而黄岛油库 4 号罐(容积 2.3×10$^4$ m$^3$)距消防泵房的距离就不符合此项要求,并且泡沫液储罐还设置在消防泵房和 4 号罐之间。所以"8·12"大火发生时,由于防火距离小,4 号油罐混凝土板爆炸飞落在消防泵房顶上,将消防泵房顶砸塌,泵房遭到破坏。

(12)宜采用液下喷射泡沫灭火系统。对于非金属地下原油罐宜采用液下喷射泡沫灭火系统。非金属油罐大部分为钢筋混凝土油罐,罐顶都是预制混凝土板制作,抗爆能力差,且如果油罐爆炸,罐顶均飞起然后坠落下来,而置于地下的罐壁大部分不会被破坏,只要燃烧时间短(起火的初期)原油会产生沸溢和喷油,也不会流淌到罐外,所以这类油罐只要采用液喷射泡沫灭火系统.即使罐顶被爆炸破坏,泡沫照样可以从罐下部向罐内输送,液下喷射泡沫灭火系统不会遭到破坏。

(13)油罐的地势比油库区其他附属设施地势均高,容易造成火灾蔓延。黄

岛油库储油区地势比实验室、消防泵房、锅炉房及库区道路等设施地势均高。所以沸溢和喷溅出来的着火原油顺势流淌漫及这些设施和道路,扩大受灾面,并影响灭火时消防人员及车辆的通行。

(14)油罐防雷是一个系统工程,不能片面地认为只要装了避雷针、避雷网或消雷器,就认为有防雷设施了,油罐就不会发生雷击事故了。其实不然,这些设施只是油罐防雷系统工程的一个方面。油罐防雷体系应根据油罐的材质(金属、非金属)油罐的布置形式(地上、半地上、地下,还包括罐室油罐、覆土隐蔽罐),还有油罐的结构形式(固定顶油罐、无力矩油罐、浮顶油罐)等,采取不同的防雷措施,并加强检查维护管理,确保防雷系统工程完好无损,才能避免或减少油库灾害事故的发生,确保油库安全运行。

## 7.2　重庆綦江东溪化工有限公司 4·21 特大雷击爆炸事故

### 7.2.1　项目概况

重庆市东溪化工有限公司位于重庆市綦江县古南镇二社,边缘(东北面距綦江县城 6.5 km,北距渝黔铁路 1.3 km,东南距鸡公嘴水库 3.2 km,东北距东渡中学 1.3 km,厂区周围无工厂、重要建筑物及构筑物。厂区为典型的丘陵地形地貌,南高北低地形。年雷爆日为 50 天左右。该厂始建于 1987 年,1988 年8 月正式投产,主要产品为工业炸药,核定能力年产 $4 \times 10^3$ t。工厂占地面积为 $1.11 \times 10^5$ m²,现有职工 220 余人,其中技术人员 16 人。

重庆东溪化工厂乳化炸药生产技术改造项目是国防科学技术工业委员会以委爆字[2000]98 号文《关于重庆东溪化工厂调整工业炸药生产品种》的批复批准,由中国兵器工业规划研究院设计,淮北爆破技术研究所和南京理工大学分别提供胶状和粉状乳化炸药生产技术和专用设备。该生产工房是乳化(含粉状乳化)炸药制药工房(装药包装工序与原铵锑炸药生产线装药包装共用),位于企业生产区南面山坡下,东南两面环山,西北两面设有防护土堤(高度约4.5 m)。工房长 43 m,高 12 m,建筑面积 1 660 m²,内置粉状、胶状乳化炸药制药装备,配料和粉乳喷粉部分为局部三层楼,硝酸铵破碎、水相制备、油相制备、输送泵、乳化器为共用设备,交替组织生产;胶状乳化炸药从冷却工序开始为间断式,利用凉药盘冷却基质;制药工房设计定量为 2 000 kg,设计定员为 26 人(项目概况详见兵器工业规划设计研究院《重庆东溪化工厂乳化炸药生产线技术改造项目初步设计》)。2003 年 11 月通过重庆市民爆器材管理办公室组织的验收并投入使用;2004 年由兵器工业安全技术研究所出具安全评价报告,评价结论为达标级;到事故发生为止,累计生产乳化炸药约 1 500 t。

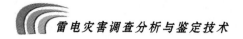

### 7.2.2　事故经过

2005年4月21日中班,该生产线安排生产粉状乳化炸药,从16时30分投料生产,出现水相管道堵料,副厂长陈某某、技术员谭某、娄某某一直在现场组织排除故障,断续停、开车四次,反复操作,直到22时许正常运行,22时15分,陈某某离开现场回到值班室,谭某,娄某某留现场监护。此时,生产区上空天气变化,出现雷雨来临迹象,22时25分许,乳化炸药制药工房发生爆炸。

### 7.2.3　事故破坏情况

(1)人员伤亡情况

截至4月25日零时统计,事故共造成31人伤亡。其中死亡12人,失踪7人,轻伤12人。

(2)建构筑物破坏情况

经现场勘查,乳化炸药制药工房全部被摧毁,房屋解体、倒塌。工房外部分廊道垮塌。在乳化炸药制药工房距东面外墙轴线14.3 m,距北面外墙轴线1.2 m处,形成一个口径长9.8 m,宽6.8 m,深约2.7 m的椭圆形爆坑(见图7.2)。部分构件被抛向四周,东面91 m处发现一水相罐盖,在东北方约55 m处,发现一严重变形水相罐体,在西面39 m处发现一约8 m² 屋面板。北面土堤局部受损,土堤外廊道垮塌,南北方向为冲击波主要扩散方向,东西方向有明显冲击波扩散痕迹,四周阔叶树木树叶脱落。距爆坑约60 m处的树林里部分树干(直径约35~45 cm)折断或连根拔起,邻近TNT球磨工房造成屋盖向西移位5 cm左右,锅炉房屋顶石棉瓦部分破碎坠落,门窗玻璃部分破碎,其余厂房门窗遭到不同程度的损坏,厂部办公室少数玻璃破碎。

图7.2　圆形爆坑现场

（3）设备设施破坏情况

乳化炸药制药工房内所有设备全部遭到破坏。硝铵破碎设备与平台分离，钢架解体，水、油相溶解罐及水、油储罐均受到严重破坏，罐体与罐盖分离，部分电机转子与定子分离。乳化器转子飞向西南面山坡45 m处，制粉塔破碎成0.1～0.5 m²的碎片。药粉输送管道解体，受到严重破坏。水管、汽管、电线、电缆管网全部解体成0.5～3 m左右的小段。东面两个避雷线铁塔变形，西面两个避雷线铁塔从离地2～3 m处断裂、倒塌。邻近厂房内设备基本完好，少数电器设施轻微受损。

（4）事故破坏分布情况

土堤内房屋彻底垮塌，结构件全部解体，设备设施全部被破坏，东南方向山体局部滑坡，防护土堤局部损坏，靠近土堤外的廊道全部倒塌，东南、正南面所有围墙全部倒塌，绝大部分钢筋混凝土构件和设备支承架均塌落在土堤内。

距爆坑50 m左右的邻近工房房顶开裂、墙体出现1～2 cm的裂缝，大部分木门窗脱落、折断，玻璃碎落，少数人员受轻伤，该范围内散落有几十块大块飞散物和设备部件，最重的一块钢板约有300 kg。

距离爆坑中心50～100 m范围内，工房墙面掉落，个别工房的墙体出现5～8 mm(长1～2 m)的裂纹，散落有50～300 kg的大块飞散物数十件，部分门窗损坏，大部分玻璃破碎，在冲击波泄爆正面方向上的树枝、避雷针等被折断。

距离爆坑中心100～150 m范围内，东北角锅炉房石棉瓦坠落掉地，木门开裂，部分玻璃破碎，冲击波泄爆正面的树木倾斜、少量被折断，散落有10～50 kg的大块飞散物数十件。

距离事故中心150～200 m范围内，工房少量玻璃破碎，散落有数件0.5～10 kg的飞散物。

事故破坏分布情况详见图7.3。

图7.3 事故破坏现场

（5）其他情况

在 4 月 23—24 日现场清理过程中,在原工房西南角和附近现场内清理出袋装已破乳的"乳化炸药"和乳化基质共计约 2.28 t 左右。

### 7.2.4　事故技术原因分析

#### 7.2.4.1　事故现状简述及原因分析

根据现场调查,现已知道生产现场除存有粉状乳化炸药外,还有胶状乳化基质、乳化炸药以及硝酸铵。当时工房和设备内总的危险品存量应在 4.5 t 以内。据专家们估计,本次爆炸事故参与爆炸的炸药量应该在 2 吨左右,其中参与爆炸的胶状乳化基质不会超过 1.8 t。

根据事故现场情况分析以及陈某某的回忆,本次爆炸造成整体生产车间被摧毁的直接作用因素是工房内存有两盘胶状乳化炸药基质,此处正是爆坑形成的所在地,根据爆坑的外形形状,结合陈某某等人的记忆,两盘胶状乳化炸药基质质量 1.5～1.8 t,属于无雷管感度的乳化基质,须用强力起爆才能爆炸;另外需要说明的是爆坑处的土是回填的,上面铺了一层混凝土,因此爆坑形状与常规计算的药量会有一定误差。

造成本次乳化制药工房及设备如此严重破坏的另一个原因,乳化基质存放在局部三层楼框架结构梁和柱的附近,凉药盘距东南面陡峭山坡约 20 m,爆炸瞬间有利于冲击波反射,因此加重了对工房和设施的破坏程度。

#### 7.2.4.2　技术原因

由于本次事故造成的破坏特别严重,现场当事人均已遇难或失踪,只能从事故现场获取的部分物证、现场形成的唯一爆坑、工房所在地形、建筑物和设备破坏等情况进行判定。

1）确定起爆点

根据事故现场获取的部分证据以及现场调查人员经验判定:本次爆炸事故基本可排除乳化炸药制粉工段首先发生爆炸的可能性（详见附录）。

2）引起乳化炸药基质爆炸事故致因因素排查

从前述分析可知,只要查清导致凉药盘内乳化基质爆炸的原因就是本次事故的技术原因。根据现场掌握的部分资料,结合专家们的经验和其他有关资料,现采用排除法进行了分析。

造成生产工房内乳化炸药爆炸的主要因素列于表 7.1。

3）分析

由上表排查可以看出,引起本次爆炸事故的可能因素有:乳化器失控、雷击引爆乳化基质。现将这两种因素进一步排查分析,以便确定造成事故的最大可能因素。

表 7.1　乳化炸药爆炸主要危险因素分析

| 序号 | 部位 | 危险因素 | 现象 | 后果 | 是否有可能性 | 结论 |
|---|---|---|---|---|---|---|
| 1 | 水相制备或贮存 | 高温失控 | 长时间高温加热 | 燃烧引起水相溶液爆炸，进而引爆工房内其他炸药 | 由燃烧转爆需要有一段时间，人员应能自救；属于不可能因素 | 排除 |
| 2 | 油相制备 | 高温失控 | 长时间高温加热 | 燃烧火焰波及周围炸药引起爆炸 | 须进一步分析 | 不能排除 |
| 3 | 乳化器 | 撞击、摩擦、高温 | 混入机械杂质<br>乳化器设计不合理，制造质量差<br>乳化器局部热量聚集而得不到及时散发<br>转子与定子之间有摩擦、撞击<br>乳化器出现机械故障 | 引起乳化器内炸药爆炸进而引爆周围炸药 | | |
| 4 | 螺杆泵 | 摩擦、高温 | 泵的出口堵塞造成压力骤升，同时停在<br>泵体内的基质被反复碾磨<br>断料，输送泵长期空转<br>混入机械杂质 | 引起螺杆泵内炸药爆炸进而引爆周围炸药 | 由于螺杆泵的特殊结构和已经设置泄爆装置以及采用了柔性软管，与前后工序传爆的可能性较小，且现场发现定子仅受外力损伤 | 排除 |
| 5 | 制粉塔 | 撞击、摩擦、火花 | 意外机械撞击<br>旋转部件摩擦<br>静电火花、电器火花、其他明火 | 引爆（燃）塔内粉状乳化炸药<br>引爆周围炸药 | 无任何撞击和旋转摩擦的机械<br>塔内不可能产生静电积累，无电器存在，其他明火可能性极小 | 排除 |
| 6 | 工房内所有可能引起爆炸能的危险部位 | 外来强大冲击能 | 直击雷：如果工房的独立避雷针（或带式避雷针）高度不足够，引入线截面积不足或选型不符合规范要求（电阻大于10Ω，接地方式不正确）<br>球雷：因球雷直接侵入<br>其他不明强力冲击波 | 直击雷中建筑物或设施而倒塌，引起工房内的危险物品产生燃烧、爆炸；<br>球雷击中工房内冻药盘内的乳化炸药进而基质<br>直接引爆周围炸药 | 须进一步分析<br>无确凿证据，可能性极小 | 不能排除<br>排除 |

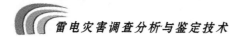

①乳化器失控爆炸可能性分析

按照常规,乳化炸药生产过程中,乳化器是最危险的设备之一,国内曾出现过多起因乳化器失控而造成爆炸的事故。本次事故中使用的乳化器是淮北爆破技术研究所提供的,该型号乳化器已经在国内二十余条乳化炸药生产线上连续安全使用8年之多(结构示意图略)。爆炸现场获取得的乳化器转子已被抛掷至距爆坑中心西南方向约45 m处;垫板以上部分的外壳已经完全分离,隔离板严重变形,圆弧向内翻(见图7.4);转动部件结构基本完好,转子上有一齿断裂,视转子整体伤痕判断属于爆炸坠落时与其他物件发生碰撞所致;不锈钢隔离板与转子间有一处沿切线方向有碳化痕迹,但无明显机械损伤迹象。

图7.4 乳化器转子

专家组认为:本次事故因乳化器爆炸进而引爆周围炸药的可能性极小。原因有:

一是爆炸后的乳化器隔离板圆弧向内翻,从爆炸力学角度分析应该是由于外力作用所致,即由于外来冲击波作用造成,若是乳化器内部物料爆炸,一般应该是隔离板圆弧向外翻;

二是不锈钢隔离板端面有碳化痕迹,造成的可能原因是由于乳化器出药管(直径25 mm)接受外来冲击波,由于药管直径较小、加上炸药基质较钝感,造成出口管内基质由外向内爆燃;又因为不锈钢隔离板面是旋转的,碳化痕迹是沿切线方向且与旋转方向是吻合的。

上述两条原因基本可以证明乳化器爆炸的可能性极小。反过来说,即使乳化器爆炸,产生的冲击波和飞片也不能激发乳化基质爆炸。据设备提供方证明,该乳化器内部仅存乳化基质300 g~400 g,加上出药管中的基质约150 g,合计约500 g左右,约折合TNT当量380 g;其中一部分乳化基质被薄薄地分布在直径为 160 mm 左右的乳化器内腔体周围（周边物料厚度为 1.0 mm～1.5 mm），大部分药结存在底部；一旦乳化器腔内物料爆炸，产生的能量一部分用于克服外壳，另一部分作用于飞片，剩余的一部分由爆炸产物以冲击波形式作用于周围介质。由于乳化器垫板强度较大（20 mm 厚），内部物料爆炸不能将其破碎，变形也很难，因此产生的冲击波和破片大部分将向上方或侧向折射，不能正面作用于冷却盘内和漏斗内乳化基质。根据以上分析，经验判断可知，乳化器爆炸形成的冲击波超压和爆炸形成的飞片难以引爆 6 m 以外无雷管感度、常温下的乳化基质，也很难引爆螺杆泵漏斗内的基质。

通过以上分析，认为乳化器首先爆炸的可能性极小。

②雷击

有重庆市气象部门提供的大量资料和爆炸事故发生时当地群众证明，爆炸事故发生在雷暴的同时，本调查组特委托本组防雷专家写出专项调查报告，具体内容详见附录。

雷电是带有异性电荷的雷云相遇或雷云与地面突出物接触时的放电现象。其特点是电压高（108 V～109 V）、放电时间短（几 $\mu$s 到几百 ms）、电流大（20 KA～200 KA），能将周围物质加热膨胀，形成冲击波，破坏力极强。

雷电的危害主要有直接雷击、感应雷击、雷电波入侵和球雷四种，这四种雷电都对本次事故构成的可能性分析分述如下：

a. 直接雷击是雷云与地面建筑物之间的直接放电雷击。如果工房的独立避雷针（或架空避雷线）高度不够、引下线选型不当、引下线截面积不足或接地不符合规范要求（电阻大于 10 Ω，接地方式不正确），会使建筑物遭受雷击而倒塌，引起工房内的粉状乳化炸药、乳化基质产生燃烧、爆炸。专家认为：本次事故直击雷造成的危害几乎不可能。因为工程建设时已按照《民用爆破器材工厂设计安全规范》（GB50089－98）、《建筑物防雷设计规范》[GB50057－94（2000年版）]设置了一次、二次避雷设施，且已经过当地防雷专业机构测试合格，工房建筑结构为钢筋混凝土框架结构，直击雷不会造成框架结构工房的倒塌，且雷电流通过接闪器、引下线、接地装置泄放入大地时引起的空间电磁场变化，也只会造成接触不良的金属部件之间局部打火花，并不会引爆乳化基质的爆炸。因此专家认为本次事故不可能为直击雷造成。

b. 感应雷是雷电在导体上产生雷电感应。这种感应能量在室内外导体上产生大量静电积累和感应电动势，当金属部件之间接触不良未形成等电位时会产生局部打火花的现象，对易燃易爆危险品特别是粉状乳化炸药产生极其严重的危害。但是本项工程中的主要设施在投产使用前和使用中均严格按照要求达到了标准，另外根据现场提供的事故分析，爆炸首先是由胶状乳化炸药基质引起的，因此认为感应雷产生的局部打火现象并不会引爆乳化基质的爆炸。

c. 雷电波侵入是雷击发生时,在输电线路、供水供气管路上产生冲击电压,并沿着管路传播。若侵入控制室内,可能造成仪器设备的损坏。根据本生产线设备设施情况,即使部分设备仪器因雷电波侵入而造成设备突然停机等,也不可能导致胶状乳化炸药爆炸。

d. 球雷:球雷是一种能量密度极高的等离子体,一旦能量释放,就会对介质产生极大的破坏。目前世界上对球雷尚无可靠防护措施,因此我国建筑物设计规范中也无明确规定。但是这种现象是存在的,国内外球雷造成的事故案例均有报道。球雷进入工房内只要引爆凉药盘内的乳化基质,就可造成整个工房的彻底破坏;若只是击中制粉塔,由于制粉塔内的炸药大约只有40多公斤,且生产正常时大部分粉体属于悬浮状态,爆炸威力与沉积状态的炸药比会大大降低,引爆隔墙外乳化基质的可能性很小,且现场取得的物证可以排除这点。因此,专家认为,只有球雷直接击中凉药盘中的乳化基质,才会造成如此重大事故的发生。

通过以上分析,认为球雷直接窜入车间内引起乳化炸药基质爆炸可能性最大。

### 7.2.5 结论

依据上述分析,球状闪电直接击中工房内乳化基质是造成本次事故的主要原因。

## 7.3 重庆开县兴业村小学 5·23 雷击事故

2007年5月23日16时15分左右,一声惊雷在重庆市开县义和镇兴业村小学上空炸响,无情的闪电瞬间夺走了7位学生的生命,并导致44名学生受伤。此事震惊了党中央、国务院,温家宝总理、陈至立国务委员等领导相继做出重要批示,要求尽快查明事故原因。那究竟是什么原因导致此次事故的发生?下文就开县"5·23"雷电灾害事故展开了分析和研究。

### 7.3.1 事故概况

兴业村小学(图7.6)位于开县义和镇兴业村5组,始建于1973年。发生雷击事故的两间教室(四和六年级教室),图7.7是发生雷击事故的两间教室呈东北—西南走向,该建筑屋顶为水泥预制板,屋顶积水较多(图7.8),墙体为青石,室内墙体外敷石灰层,地面为三合土。这两间教室窗户设置数量相同,每间教室均为南面两扇窗户、北面四扇窗户,窗户金属栏杆为螺纹钢,无窗扇。教室北面有三棵高约十米的大树,由西至东距教室的垂直距离分别为:3.22、2.60、2.40 m。该建筑物无防雷装置,其窗户的金属栏杆、屋顶圆钢未做接地处理;经现场查看,用作旗杆的屋顶圆钢无明显雷击痕迹;教室没有安装电灯且无其他用电设备,无电力线引入。

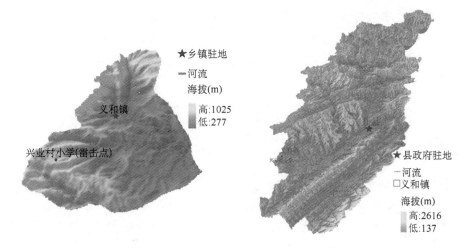

图 7.6　兴业村小学地形图

图 7.7　事故建筑物外观图

图 7.8　事故建筑物屋顶积水

　　此次事故中死亡学生全部靠近窗户(图 7.9),身上都有大面积灼伤痕,其中有些胸口、腿部有电灼伤痕迹,有些头发被烧焦。伤者大都口述腿软脚麻,行走不便;受伤学生有头昏、胸闷、心跳过速、心肌受损及双下肢麻痹现象,部分伤者有一度烧伤。

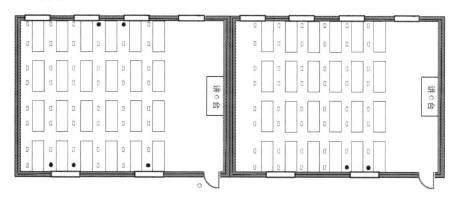

图 7.9　事故教室死亡学生位置分布图(图中黑点为死亡学生位置)

四和六年级教室屋顶有一处直击雷损坏痕迹,室内墙体、天花板顶多处石灰层脱落,室外屋檐下部墙体部分石灰层脱落,窗户部分螺纹钢有烧黑的痕迹(图7.10),窗框周围有雷击后炸裂的痕迹(图7.11)。事故发生时,四和六年级教室正在上课。

图 7.10　雷击窗户户外的破坏情况　　　　图 7.11　雷击窗户户内的破坏情况

### 7.3.2　强雷暴天气成因分析

从天气形势图分析,2007 年 5 月 23 日白天由于北方冷空气入侵和高空低槽东移,促进了冷暖气流在重庆东北部交汇,具备了良好的动力条件,易触发强雷暴天气的发生。

从热力条件和大气垂直温度分布情况(大气层结)分析,重庆沙坪坝 23 日 08 时探空资料(图7.12)显示最大对流有效位能为 1 346 J·kg$^{-1}$,$K$ 指数为 41 ℃。经验表明,当对流有效位能大于 1000 J·kg$^{-1}$ 或者当 $K$ 指数大于 35 ℃ 时就会产生雷暴天气。可见在重庆及附近地区已经具备了产生较大范围强雷暴天气的能量条件,大气层结不稳定。

从卫星云图(图7.13)分析,23 日 12 时开始在重庆东北部的城口附近有强对流云团生成,且范围逐渐扩大,到 23 日 13 时强对流云团已经影响到开县全境,发生雷击事件的义和镇 16 时处于强对流云团系统的南部边缘,位于高温梯度大区和低于-52 ℃强低值区域,由此可以判断该区域及其附近发生了强雷暴天气。

### 7.3.3　雷电活动分析

#### 7.3.3.1　重庆市雷电活动情况

从四川东北部发展起来的雷电,大约在中午 12 时移入重庆市西北部,大约在 15 时闪电全部移到重庆市境内,2007 年 5 月 23 日重庆市境内共发生了 36 460 次闪电,其中正闪 1 211 次,负闪 35 249 次,移动趋势及详细分布见图 7.14。

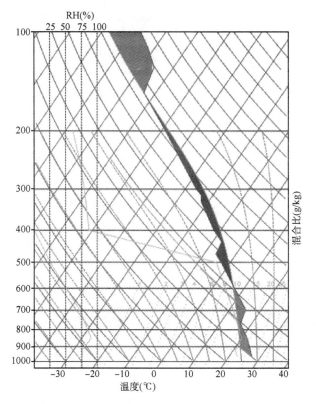

图 7.12　2007 年 5 月 23 日 08 时重庆 $T-\log P$ 图

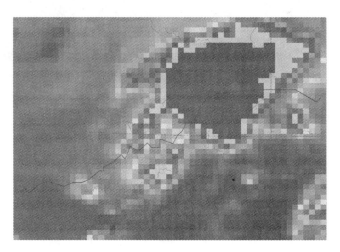

图 7.13　2007 年 5 月 23 日 16 时 30 分重庆上空卫星云图

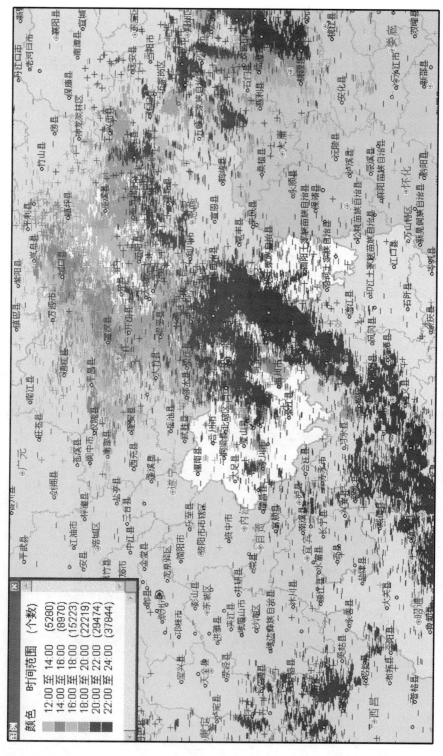

图7.14 重庆市雷电活动分布图

### 7.3.3.2　开县义和镇兴业村小学附近雷电活动情况

开县义和镇兴业村小学方圆 10 km 范围最初发生闪电的时间是 23 日 14 时,以后直到晚上 24 时,都有雷电发生,共发生了 268 次闪电(见图 7.15)。最密集的时间段为:16:00—16:30,共发生了 162 次闪电,平均每分钟发生 5 次以上。正是在这个时间段内发生了雷击小学的灾害事故。

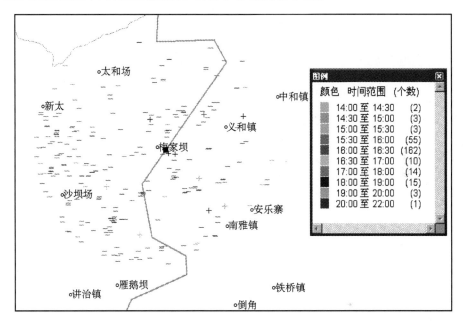

图 7.15　兴业村小学附近方圆 10 km 范围雷电活动情况

而以开县义和镇兴业村小学附近方圆 2 km 为半径,16:00—16:30 之间有 6 次闪电发生(见图 7.16 及表 7.2)。

表 7.2　2007 年 5 月 23 日开县义和镇兴业村小学闪电定位资料

| 时 | 分 | 秒 | 毫秒 | 闪电纬度 | 闪电经度 | 闪电强度(kA) | 闪电陡度(kA/μs) |
|----|----|----|------|---------|---------|-------------|----------------|
| 16 | 07 | 05 | 8720112 | 31.139°N | 108.012°E | −39.2 | −12 |
| 16 | 14 | 47 | 0039912 | 31.1339°N | 108.039°E | −50.4 | −13.7 |
| 16 | 15 | 37 | 2172538 | 31.1281°N | 108.035°E | −53.1 | −10.6 |
| 16 | 15 | 42 | 8482840 | 31.1515°N | 108.033°E | −44.3 | −15.3 |
| 16 | 15 | 42 | 9717175 | 31.1549°N | 108.034°E | −32.4 | −13.8 |
| 16 | 20 | 09 | 4487387 | 31.139°N | 108.029°E | −32.1 | −8.4 |

根据 GPS 确定的学校位置(31.128°N,108.041°E)以及 ADTD 闪电定位系统资料(表 7.2),可见义和镇兴业村小学区域在 5 月 23 日 16 时 15 分左右发生了多次闪电。

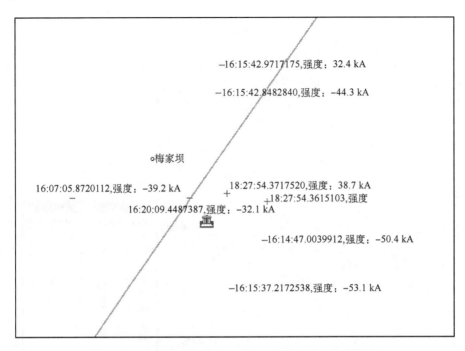

图 7.16　兴业村小学附近方圆 2 km 范围雷电活动情况

### 7.3.4　事故分析

#### 7.3.4.1　事故调查结论

事故发生后,市防雷中心防雷专家立即赶赴事故现场调查取证,对事故现场进行了勘测,走访了附近村民、现场目击者和参加对此次事故救助的医务人员、教师和学生家属等,并作了笔录。

表 7.3　走访情况调查统计

| 类别 | 人数(人) | 材料(份) |
| --- | --- | --- |
| 医生 | 2 | 2 |
| 伤者家属 | 1 | 1 |
| 群众 | 3 | 3 |
| 师生 | 5 | 5 |

根据对现场相关人员(表 7.3)的调查,共有四名目击者在事发当时看到有球状的光团、火团出现。根据目击者描述出现球状的光团、火团的部位,调查人员在相应部位现场发现了炸裂的痕迹,由此可判断事发当时在出现直击雷的同时伴随出现过球状闪电雷。结合事故发生时的卫星云图资料、雷达回波资料、自动气象站资料、闪电定位系统资料以及对事故周围群众、教师和医生的调查资料,以及现

场勘测的剩余磁场(＞4.0 mT)、接地电阻等资料分析,初步得到了以下结论:

(1)开县义和镇兴业村小学 5·23 事故属于雷击事故;

(2)开县义和镇兴业村小学 5·23 雷击事故发生的时间为 5 月 23 日 16 时 15 分左右;

3)开县义和镇兴业村小学校舍无防雷措施。

### 7.3.4.2　教室年预计雷击次数计算

根据《建筑物防雷设计规范》(GB50057—2000),年预计雷击次数 $N=kN_gA_c$。

结合现场勘测资料和多年的气象观测资料,可知:$k=1$, $T_d=40$ 天。

根据现场测量,该教室的长 $L=16.47$ m,宽 $W=6.35$ m,$H=4.3$ m,代入等效面积 $A_c=[LW+2(L+W)\cdot\sqrt{H(200-H)}+\pi h(200-H)]\cdot 10^{-6}$可得:

$$A_c=4.07\times 10^{-3}(\mathrm{km}^2)$$

根据上面的结果可得:$N=kN_gA_c=1\times 0.024\times 401.3\times 4.07\times 10^{-3}\approx 0.0118$ 次·年$^{-1}$。

另外,由于该建筑物高度不足 15 m,根据《建筑物防雷设计规范》(GB50057—2000)的要求,该建筑物连最低的三类防雷建筑物的标准都达不到,故该建筑物可不作强制性的防雷要求。

### 7.3.4.3　教室遭受雷击的原因

(1)根据事故发生时的卫星云图资料、雷达回波资料和闪电定位系统资料分析,该地当时处于强雷暴控制区域,主要是由于事发教室周围比较空旷,水田、池塘较多,导致水汽充分,而且地形起伏较大,有利于云团的抬升,易于形成强雷电。

(2)距离教室有三棵高约 10 m 的大树,由西至东距教室的垂直距离分别为:3.22,2.60 和 2.40 m。由于树木的存在,增加了对闪电的吸引作用,增大了落雷概率。同时,大树被看作避雷针后的保护范围明显不能够将建筑物完全覆盖,即教室不能完全处于大树的保护范围内。因而,大树的存在增大了教室遭受雷击的概率。

(3)教室无防雷装置。

### 7.3.4.4　人员伤亡原因

(1)雷电接触电势作用

雷电直接击中建筑物时,由于该建筑物无任何防雷设施,雷电流无法通过防雷接地装置泄放入地,只能顺沿建筑物墙壁成无规则枝状散流(如图 7.17)。雷电流在墙上散流时往往寻找电阻率小的路径,由于教室窗户栏杆为螺纹钢,墙壁的电阻率远大于螺纹钢,因此雷电沿窗户泄流入地更快,导致靠近窗户的学生更容易遭受雷击。

当雷击中教室,雷电流通过墙壁泄放入地,表明雷电产生的高电压已经击穿墙壁,此时,与坐着的学生等高处墙壁的对地电势及通过靠墙学生的电流强度可作如下估算：

根据 GB50057，墙壁的击穿电压约为空气的 1/2，即 250 kV·m$^{-1}$，小学五和六年级学生坐在校凳上的高度约为 1 m。雷电能击穿墙壁导通，墙壁高为 4.3 m，则雷电电压至少为：4.3 m×250 kV·m$^{-1}$＝1 075 kV，而距离地面约 1 m 处墙壁对地电势为 250 kV；根据国际电工委员会 1984 年公布的人体阻抗概率值（IEC479—10），皮肤干燥情况下，人体电阻约 2 000 Ω，则因雷电的接触电势作用导致通过靠墙学生的最小电流约为：250 kV/2 000 Ω＝125 A；

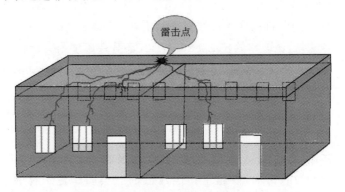

图 7.17　雷电流事故教室墙壁散流示意

电流通过人体后，人尚能忍受的最大电流值称为摆脱电流。根据国外有关资料认为，人体的平均摆脱电流为 15 mA，而安全电流仅为 5 mA；因此，当雷电流通过墙壁泄放入地时，会沿电阻率最小的泄放通道入地，由于雷电的接触电势作用，至少约 125 A 的大电流通过靠着墙壁（螺纹钢窗户附近）的学生身体，造成了学生死亡，出现全身大面积皮肤烧伤、内部脏器坏死等死亡特征。

（2）雷电流引下入地时的旁侧闪络作用

雷击时，由于距地面约 1 m 处墙壁瞬间对地电势至少为 250 kV，根据《建筑物防雷设计规范》（GB50057—2000）对空气击穿强度的取值为 500 kV·m$^{-1}$，可知：距地面约 1 m 处墙壁瞬间对地电势至少可击穿 0.5 m，距离墙壁越近就越容易遭受雷电的闪击，导致靠近墙壁两边的学生伤亡。

（3）雷电流入地后的跨步电压作用

由于该教室地表面为三合土，土壤电阻率较高，不能迅速将雷电能量释放。雷电流通过墙壁（靠着墙壁的学生）入地后，由于地面土壤电阻率有一定分布，雷电流在地面上各点间就出现不同电位降，越靠近墙壁的地面，其电流密度越大，电位降越大。当双脚接触该地面时，由于双脚存在一定距离，双脚之间就存在一定的电位差，造成电流从人体流过，越靠近墙壁的学生，雷电流泄放入地产生的跨步电压作用越明显，通过身体的电流也就越大，造成的伤亡程度也有所不同，而教室中间的学生仅感到局部的麻痹感觉。

### 7.3.5　结论

开县"5·23"雷电灾害事故是一起自然灾害事故,其原因是兴业村小学无防雷装置(对这类建筑物规范未做强制性防雷要求),该校教室遭雷电直击后,雷电流通过墙壁泄放入地时,由于接触电势、旁侧闪络以及跨步电压的作用,导致教室的学生出现伤亡。为吸取该事故的经验教训,建议:

(1)根据不同的地理环境和气候特点,以及不同行业的要求尽快建立完善适合地方和行业的防雷技术标准。

(2)加强科普宣传,增强防雷减灾意识;结合典型案例,多渠道、多形式地开展防雷知识科普宣传活动,尤其要宣传涉及人身雷电防护和急救方面的知识。

(3)加强学校防雷安全管理,落实相关的责任人,建立雷电灾害应急预案;全面检查学校防雷安全状况,未安装防雷装置的应及时安装;安装但检测不合格的应立即整改。

## 7.4　重庆华浩冶炼有限公司 7·12 粉末厂雷击火灾事故

### 7.4.1　事故概况

2007 年 7 月 12 日凌晨 3 时左右,綦江县三江镇,雷雨大作。一道闪电划破夜空,綦江县三江镇重庆华浩冶炼有限公司粉末厂铜粉车间内变压器短路后引发大火和爆炸,3 000 m² 的砖木结构车间全被烧毁(见图 7.18),车间内大量机器和铜粉半成品被毁,厂方估计损失近千万元。

图 7.18　起火燃烧的厂房

### 7.4.2 强雷暴天气成因分析

2007年7月11日夜间到12日白天,受高空低槽及对流层中低层低涡切变共同影响,重庆市各地陆续出现了一次雷阵雨强对流天气,大部分区县雨量达中到大雨,部分地区达暴雨。偏南的綦江、万盛等地受影响比较严重。

这次过程是一次典型的高空低槽东移,结合对流层中低层切变辐合,在它们的共同影响下,在高温高湿的条件下产生的雷阵雨天气。

2007年7月9—10日,500 hPa高空图上内蒙古的东部有一低涡,其后部的偏北气流较强盛,一直引导地面的弱冷空气南下进入四川盆地。副热带高压偏弱,主体在海上,584线控制我国的华南一带,盛行偏西风,对流层中低层有切变维持。高原有小波动东传,南北向气流在重庆地区交汇,给重庆带来了间断性的降水,局部有雷雨等强对流天气发生,最高气温维持在32 ℃左右,重庆除西部外其他地区湿度较小。

11日随着高空低涡的东移,其后部的偏北气流减弱,天气形势发生了调整,在08时500 hPa图(图略)上可以看到活跃的高原低值系统东移在红原—温江—宜宾一线形成低槽;700 hPa高空图西南气流略有加强,重庆地区为一明显低涡,中心在重庆西部偏南地区,露点温度迅速降低;850 hPa高空图切变略有北抬,位置在武汉—酉阳—宜宾一线;地面图上四川盆地维持一个热低压。对流层高中低三层的配置给强对流天气的发生发展提供了有利的条件,全市各地除东北部外都有阵性的降水,出现了短时的强对流。20时,上述低槽与云贵一带小槽合并得到加深加强,全市西部地区处于槽前的西南气流中,中低层形势变化不大,辐合及切变的中心仍在重庆的西部偏南地区。

12日凌晨,从卫星云图(图7.19)上可以看到,綦江、万盛地区上空有对流云团发展,

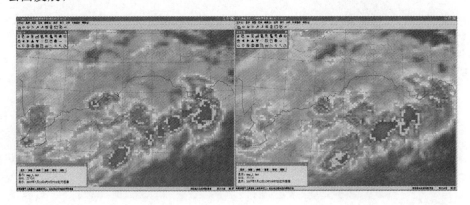

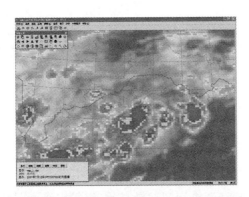

图 7.19　2007 年 7 月 11 日重庆上空卫星云图的演变

西部的铜梁、合川一带也有对流云发展。12 日 08 时低槽东移过境，700 hPa 高空图上低涡加强，范围加大，中心在重庆西部偏南地区到贵州北部一带，850 hPa 切变稳定维持。上述的对流云团在发生发展东移过程中先后影响綦江，给綦江带来了雷雨天气，这次强对流的触发机制是低槽过境。

### 7.4.3　雷电活动分析

根据闪电定位资料（见表 7.4），雷击点（28°56′39.6″N,106°42′34.9″E）附近（半径 5 km）在 02:30—03:50 共发生 14 次闪电，均为负极性闪电，其中最大闪电强度高达 155.4 kA。

表 7.4　起火点附近 5 km 范围内凌晨（间隔 10 min）的闪电情况

| 时间 | 闪电次数（次） | 最大正闪强度（kA） | 最大负闪强度（kA） |
| --- | --- | --- | --- |
| 02:30 | 4 | 0.0 | −51.8 |
| 02:40 | 4 | 0.0 | −155.4 |
| 02:50 | 1 | 0.0 | −97.2 |
| 03:00 | 1 | 0.0 | −52.4 |

| 时间 | 闪电次数（次） | 最大正闪强度（kA） | 最大负闪强度（kA） |
|---|---|---|---|
| 03：10 | 1 | 0.0 | −44.4 |
| 03：20 | 0.0 | 0.0 | 0.0 |
| 03：30 | 2 | 0.0 | −38.7 |
| 03：40 | 0 | 0.0 | 0.0 |
| 03：50 | 1 | 0.0 | −49.5 |

　　根据图 7.20 和现场调查询问记录显示，铜粉末车间起火时间与闪电时间是一致的，均发生在凌晨 03 时 30—40 分。

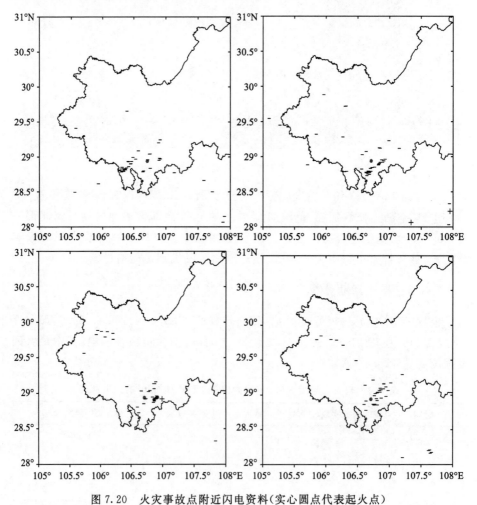

图 7.20　火灾事故点附近闪电资料（实心圆点代表起火点）
(a)03：10—03：20,(b)03：20—03：30,(c)03：30—03：40,(d)03：40—03：50

### 7.4.4　事故原因分析

重庆华浩冶炼有限公司位于重庆市綦江县三江镇境内,距离綦江县城约 15 km,厂区周围无其他重要建筑物。厂区为典型的丘陵地形地貌,南高北低走向,年雷暴日为 51 天。由于重庆华浩冶炼有限责任公司粉末分厂的整个电力线路均采用架空线输送(图 7.21),沿途地势较高,且部分线路跨越河流,极易遭受雷击。

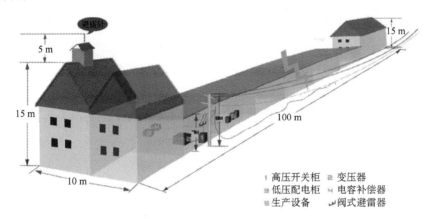

图 7.21　火灾事故厂房的结构图

#### 7.4.4.1　防雷装置保护有效性分析

计算铜锡粉末生产厂房年预计雷击次数:

(1)建筑物等效面积 $A_c$。

当建筑物高度 $H$ 小于 100 m 时,建筑物等效面积 $A_c$ 应按下列公式计算:

$$A_c=[LW+2(L+W) \cdot \sqrt{H(200-H)} +\pi h(200-H)] \cdot 10^{-6}$$

式中 $L$, $W$ 和 $H$ 分别为建筑物的长、宽和高(单位:m)。

取 $L=100$ m, $W=10$ m 和 $H=15$ m,因而 $A_c=1.26 \times 10^{-2}$ (km$^2$)

(2)雷击大地的年平均密度($N_g$)

$$N_g=0.024 T_d 1.3$$

式中,$T_d$ 为年平均雷暴日,这里 $T_d=40$ 天,因此 $N_g=0.024 \times 40 \times 1.3$ (km$^2 \cdot$ a)

(3)建筑物年预计雷击次数($N$)

$$N=kN_g A_c$$

式中,$k$ 为校正系数,一般情况下取 1。

计算可得 $N \approx 0.04$ 次 $\cdot$ a$^{-1}$。

通过计算,该建筑物虽然雷击次数小于 0.06 次 $\cdot$ a$^{-1}$,但符合《建筑物防雷设计规范》(GB50057—2000)第 2.0.4 条第 6 款的规定,该建筑物应按三类防雷建筑物设计。

(4)避雷针保护范围

避雷针在地面上的保护半径为

$$r_0 = \sqrt{h(2\,h_r - h)}$$
$$= \sqrt{20 \times (2 \times 60 - 20)}$$
$$= 44.7(\mathrm{m})$$

因此,在 8 m 高度上的保护半径为

$$r_x = r_0 - \sqrt{h_x(2\,h_r - h_x)}$$
$$= 44.7 - \sqrt{8 \times (2 \times 60 - 8)}$$
$$= 14.8(\mathrm{m})$$

该厂房安装的避雷针虽然能够保护部分厂房(含高压配电柜房间),但是雷击断线部分线路却在保护范围之外。

### 7.4.4.2 剩余磁场分析

众所周知,由于电流的磁效应,在电流周围空间产生磁场,处于磁场中的铁磁体受到磁化作用,当磁场逸去后铁磁体仍然保持一定磁性。处于磁场中的铁磁铁被磁化保持磁性的大小与电流和磁场的强弱有关。在火灾现场中当怀疑是由于导线短路或雷电引起而又无熔痕可作依据时,则采用对导线及雷电周围铁磁体剩磁测试,依据剩磁有无和剩磁大小判定在火场中是否出现过短路及雷电现象。在该火灾事故中采用的量程为 1~100 mT 特斯拉计,对火灾现场的设备器件进行剩余磁场测试,其数据如表 7.5 所示。

表 7.5 灾害现场剩余磁场测试部位与数值

| 编号 | 设备名称 | 剩余磁场最大数值(mT) |
|---|---|---|
| 1 | 高压开关柜 | 5.56 |
| 2 | 变压器 | 3.23 |
| 3 | 低压配电柜 | 2.81 |
| 4 | 电容补偿柜 | 2.35 |
| 5 | 生产设备 | 1.92 |

根据对高压开关柜、变压器、电容补偿器、断裂高压线和其他附近金属体的剩余磁场测试表明,该厂房高压线入户端附近金属装置剩余磁场值较高。其中,高压开关柜残留金属外壳剩余磁场值达到了 5.56 mT。可见,高压开关柜起火的原因是由于短路引起,同时从剩余磁场数据可以发现是输电线路入户前端遭受了雷击。

### 7.4.4.3　力学性能分析

由于输电线路(入户前端)被击断掉落地面,调查组发现其输电线路采用的7芯铜绞线(35 mm²),并对击断线路(雷击点)附近 2 m 线路和同批次线路进行力学性能对比试验。该试验参照 GB/T228－2002《金属材料室温拉伸试验方法》(GB/T228—2002)及《电线电缆电性能试验方法导体直流电阻试验》(GB/T3048.4—1994)要求,试验结果发现输电线路的力学性能(屈服强度和抗拉强度)在雷击前后削弱多,其电阻率也有所降低(见表 7.6)。该试验表明,输电线路是在瞬间高温下熔断,而距地面 7 m 的线路只可能是由于雷击引起,因此可以判定线路被雷电击断。

表 7.6　输电线雷击前后的力学性能和电阻率变化

| 项目 | | 雷击前 | 雷击后 |
|---|---|---|---|
| 力学性能 | 屈服强度 $\sigma_s$(MPa) | 350 | 107 |
| | 抗拉强度 $\sigma_b$(MPa) | 420 | 155 |
| 电阻率($\Omega \cdot mm^2 \cdot m^{-1}$) | | 0.017 420 | 0.016 420 |

### 7.4.4.4　雷击起火分析

众所周知,雷电直接击中架空电源线路以后,雷电流以 1/20～1/2 的光速以波的形式向线路两端移动,对电力设备及用电设施构成危害。雷击时电流高达 30 kA 以上(见表 7.7),雷击架空线路导线产生的直击雷过电压:

$$U_S \approx 100I$$

式中,US 为雷击点过电压最大值,I 为雷电流幅值。

从表 7.7 可以看出,雷电流强度达到 30 kA 以上,其架空线路上直击雷过电压达到 300 万伏,结合天气雷达、气象卫星以及闪电定位资料,高压线遭受雷击后断落在地面,同时强大的雷电流沿高压线路进入变压器房的高压开关柜,造成短路酿成火灾。这与 7.4.4.2 和 7.4.4.3 分析结论一致,而铜锡粉末生产厂房为 20 世纪 50 年代左右修建的木质结构建筑,易导致火势迅速蔓延,因而其生产厂房全部被烧毁。

### 7.4.5　事故原因总结

重庆华浩冶炼有限公司采用架空输电线路引入,未采取直击雷和雷电波侵入防护措施,同时也不在铜粉末生产厂房防雷装置保护范围内,导致线路遭受直接雷击后断落在地面,同时强大的雷电流沿高压线路进入变压器房的高压开关柜,造成短路酿成火灾事故。而铜粉末生产厂房为 20 世纪 50 年代左右修建的木质结构建筑,雷击起火后导致火势迅速蔓延,其生产厂房全部被烧毁。

## 7.5 重庆三奇青蒿素有限责任公司 9·3 静电火灾事故

### 7.5.1 概述

静电是一种客观的自然现象,是正、负电荷在局部范围内失去平衡的结果。静电具有高电位、低电量、小电流和作用时间短等特点,静电放电不仅可以使电子设备受到干扰,造成意外事故,而且会造成电爆装置和易燃易爆气体混合物意外燃烧爆炸。静电放电曾使机毁人亡、火箭发射失败、卫星出现故障。静电放电还会使人体遭受电击引发二次危害。

目前,人们在针对静电放电引起燃烧爆炸之类灾害事故原因与防护技术研究中,着重于分析因人为原因或者设备设施防静电措施不当等造成灾害,尚未见到关于静电火灾事故调查中重点对气象条件分析造成静电火灾方面的报道。以重庆三奇青蒿素有限责任公司 2006 年 9 月 3 日的静电火灾事故为例,重点对火灾发生时的气象条件和生产工艺进行分析,发现在极端气象条件,高温低湿情况时易产生和积聚静电,又因生产工艺中防静电措施不合理,导致静电的不断积累,再加上石油醚的大量挥发,从而引起了火灾事故。通过原因分析,针对此类火灾隐患提出了相应的防范建议。

### 7.5.2 事故概况

重庆三奇青蒿素有限责任公司是一家专业从事青蒿素、双氢青蒿素和蒿甲醚等系列产品的生产、经营的科技型民营企业。2006 年 9 月 3 日 22 时许,该公

图 7.22 静电火灾事故现场

司分离工序车间内的 8 号高压层析柱正在卸放硅胶混合物,工人姚某用一个小车子上的四个卡子支开口袋,用 34～36 的扳手拆除 8 号柱的底盖,在硅胶基本上快卸放完时,突然发生火灾。该事故共造成 3 人烧伤,幸无人员死亡;厂方及设备损坏较严重(图 7.22),分离工序钢制操作台垮塌,12 个层析柱不同程度受损,分离工序钢制操作台垮塌,经济损失 2 000 余万元。

### 7.5.3　气象条件分析

#### 7.5.3.1　气象实况

2006 年重庆地区的高温伏旱始于 7 月上旬,7 月 11 日起包括梁平县在内的大部分区县进入伏旱,遭遇了自新中国成立以来最为严重的干旱,持续干旱日数达到 90 天。根据梁平县气象局提供的气象资料显示,2006 年进入高温季节比常年提前了 10～15 天,日平均气温较常年同期偏高 2～3 ℃。从温度的变化看,此次过程有两个特点:一是高温持续时间长,7 月以来≥35 ℃的高温日数达 38 天,创历史最高纪录;二是出现了极端气温,8 月 15 日最高气温达 40.3 ℃(图 7.23),创该县有正式气象记录以来之最。事发当天的最高气温为 38.6 ℃,最低温度为 26.5 ℃。

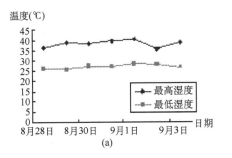
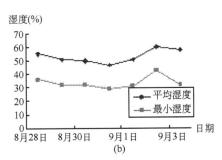

图 7.23　2006 年 8 月 28 日—9 月 3 日梁平县温度(a)和湿度(b)变化曲线

从降水的变化看,此次过程也有两个特点:一是无雨时间持续长;二是出现了极端低的降水量,这直接导致空气干燥,相对湿度较低。9 月 3 日空气的平均湿度为 58 %,最小湿度为 32 %。从图 7.24 可以看出,事发当日的气象数据与往年同期相比有着明显的异常,属于高温、低湿的极端气象条件。

#### 7.5.3.2　气象条件对静电积聚的影响

对于任何材料,静电的积聚和泄漏是同时进行的,只有静电起电率大于静电泄漏率,并有一定量的积累,才能使带电体形成高电位,产生火花放电而构成危害。在静电积聚的条件中,气象条件是其中最重要的一个方面。

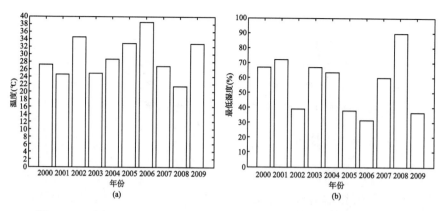

图 7.24　多年(2000—2009 年)9 月 3 日最高温度(a)和最低湿度(b)变化

(1)静电积聚湿度条件分析

带电体表面的电荷不仅通过表面和体内泄放,而且也向空气泄放。在高湿度的环境中,当带电体表面的电荷密度很高时,电荷会急速地向空气中泄放。介质物体处在潮湿的空气环境中时将发生水分吸附现象。吸附于介质物体表面的水分子,在吸湿量不太多时,以水分子的形式存在;当吸湿量极多时,以近似于液体状态的形式存在。根据有关研究资料表明,当空气的相对湿度在 65%～70% 以上时,能在带静电物体表面形成一层极薄的水膜,水膜溶解空气中的 $CO_2$,电离出大量的氢离子($H^+$)、碳酸氢根离子($HCO_3^-$)和碳酸根离子($CO_3^{2-}$),这些离子大大降低了介质物体表面的电阻率,表面电导率提高,使静电荷泄露能力增强,静电荷的衰减速率大大加快,从而有效地限制静电荷积累的发生。如果周围空气的相对湿度降至 40%～50% 时,静电不易逸散,就有可能形成高电位;空气相对湿度低于 30% 时,则产生和聚积静电荷比较强烈,容易形成高电位。

事发地空气中大气水分(见图 7.25)在 9 月 3 日 13 时 45 分为 0.6～0.65 g·cm$^{-3}$,到 22 时 15 分下降到 0.5 g·cm$^{-3}$ 以下(正常值为 2.0～4.0 g·cm$^{-3}$,即处于低值水平)。因此,该地此时空气干燥,使静电不容易传到地下和空气中去。

(2)静电积聚温度条件分析

根据卫星监测资料,采用 GPS/MET 资料进行反演,得到地表温度分布(图 7.26),可以发现厂区所在位置(图 7.26 中黑点)地表温度都在 40 ℃ 以上(地表温度在 40 ℃ 以上,即处于较高水平)。持续的高温、少雨天气,使得空气中的水分蒸发较多,空气显得干燥,造成空气相对湿度较低,更容易产生和积聚静电。

因此,事发地的高温度和低湿度这两项因素,对静电积聚且不易消散创造了气象条件。

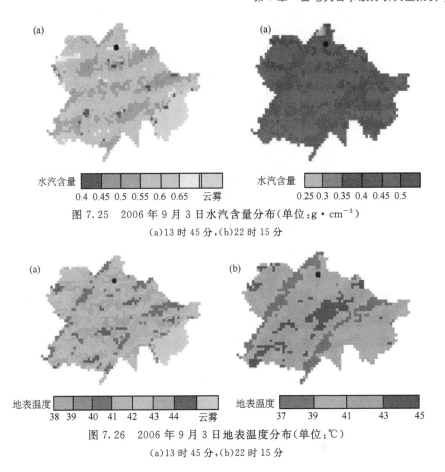

图 7.25　2006 年 9 月 3 日水汽含量分布(单位:g・cm$^{-3}$)

(a)13 时 45 分,(b)22 时 15 分

图 7.26　2006 年 9 月 3 日地表温度分布(单位:℃)

(a)13 时 45 分,(b)22 时 15 分

### 7.5.4　生产工艺和原料分析

火灾爆炸是在一定条件下造成的,静电引起的火灾爆炸一般也是燃烧爆炸,因而静电引起爆炸和火灾的条件可以归纳为以下几点:①要具备产生静电电荷的条件;②要具备产生火花放电的电位和场强(静电电荷积聚到一定的量);③有能引起火花放电的合适间隙;④现场环境有爆炸性混合物;⑤放电火花的足够能量。结合火灾当时的气候背景,下面就生产工艺、生产原料特性等分析此次火灾的起火原因。

(1)生产工艺分析

从图 7.27 可以看到该工厂的生产流程中,经加热后的硅胶混合物由层析柱内卸放,落入手推车上的塑料薄膜袋内。其中青蒿素分离设备都作了防静电接地,且接地电阻为 2.2 Ω,即硅胶混合物在搅拌中可能产生的静电会通过层析柱流散。因此,层析柱下端卸放硅胶混合物时,只能在硅胶混合物与塑料袋之间由于摩擦而产生静电火花放电。

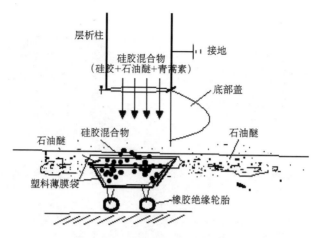

图 7.27  分离车间分工艺示意图

据试验(见表 7.7),用于盛放硅胶混合物的塑料袋,在置放于小推车上时,由于塑料袋摩擦作用,本身就能产生与金属车体压差为 300 V 以上的静电电压;同时在卸放层析柱内的硅胶混合物时,硅胶混合物每次从 1.6 m 高处卸放至塑料袋内时,也将在塑料袋上产生静电。随着硅胶混合物不断卸放,不断累积静电电荷,静电电压也将逐步的升高(见图 7.28),极易达到火花放电点火能量(300 V)以上,并产生火花。而置放塑料袋的金属车未作接地处理,车底部的橡胶轮也是非导电橡胶,是产生火花放电的主要原因。

表 7.7  塑料袋在接装硅胶试验中静电积聚情况

| 静电试验状况 | 塑料袋(将塑料袋置于车内时)(V) | 塑料袋[将少量混合物(硅胶、石油醚和青蒿叶)从 1.6 m 高处卸落在置于地面的塑料袋中](V) |
|---|---|---|
| 1 | −400 | −50 |
| 2 | −450 | −50 |
| 3 | −400 | −50 |

注:模拟试验在温度为 25.5℃、湿度为 62.3%的空旷环境中进行。

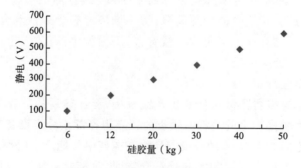

图 7.28  硅胶量与静电电压关系

(2)生产原料分析

该分离车间主要生产原料有硅胶、青蒿素和石油醚。其中硅胶属于二氧化硅,无色透明晶体,熔点高、硬度大、难溶于水,无毒无害,在工艺中作为吸附剂使用,与石油醚不会产生化学反应;青蒿素为所要提取的物质,不具燃烧爆炸特性。只有石油醚(别名石油精)是可能引发燃烧爆炸的物质,因其易挥发,气态与空气可形成爆炸性混合物;遇明火、高热能引起燃烧爆炸,燃烧时产生大量烟雾;最小点燃能量为 0.22 mJ。因此,石油醚极易挥发且比空气重,导致该车间内近地表聚集了相当浓度的石油醚气体,且积聚于近地面(其密度比空气重),是引发火灾的重要因素。

### 7.5.5　防范措施建议

此次静电火灾事故发生的主要原因是青蒿素分离生产车间内气温高、湿度小,导致厂房内空气和工作地坪含水量减少,促使工作地坪的静电导体电阻率升高,不能满足小于 $1×10^6$ $\Omega\cdot m$ 的安全要求,积聚的静电电荷既不能通过空气流散,也不能入地泄流,致使电荷无处泄放,产生火花放电,同时空气中大量的石油醚蒸汽为燃烧提供了条件。为此,我们可以通过以下措施防范来改变环境,达到防范火灾事故发生:

(1)在车间内安装空调达到降温的作用,同时安装增湿机,避免室内空气干燥,使静电电荷容易流散而不积聚,这样促使其环境不可能产生火花放电,也就尽量避免火灾事故的发生。

(2)在无法改变气象条件的情况下,建议采取停止生产避免静电火灾事故;或安装导静电地板使工作地坪迅速将空气中积聚静电导走入地,同时对小车采取相应的防静电接地措施,避免小车上静电荷积聚,从而不能产生火花放电,不提供火源,达到避免静电起火事故发生的目的。

(3)保持生产车间内良好的通风,把爆炸性混合物浓度控制在安全范围以内,即使有静电积聚放电产生,也不至于起火燃烧。

### 7.5.6　事故原因小结

通过此次静电火灾事故分析,得到以下结论:

(1)极端的气象条件是这次事故一个很重要诱因。青蒿素分离生产车间内气温高、湿度小(根据梁平气象局自动气象站数据 2006 年 9 月 3 日 22 时温度为31.5 ℃,相对湿度为 58%,但车间屋面为金属屋面且无降温设备,其内部温度远高于外界温度,空气湿度也远小于外界)同时梁平县遭遇百年不遇的高温干旱,极端的气象条件导致厂房内空气和工作地坪(没有进行导电化处理)含水量减少,导致工作地坪的静电导体电阻率升高,不能满足小于 $1×10^6$ $\Omega\cdot m$ 的安

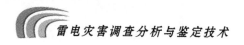

全要求,积聚的静电电荷既不能通过空气流散,也不能入地泄流,致使电荷无处泄放;同时高温干湿情况导致石油醚大量挥发,从而引发此次火灾事故。

(2)生产工艺中防雷措施缺陷是导致此次火灾事故的直接原因。由于分离车间内置放塑料袋的金属车未作接地处理,车底部的橡胶轮也是非导电橡胶,导致静电不断积聚并产生火花放电引燃石油醚蒸汽。

(3)生产原料石油醚达到爆炸性混合物危险浓度是引发火灾的重要因素。分离车间内石油醚大量挥发,导致石油醚蒸汽在近地表聚集并达到相当浓度的石油醚气体,且积聚于近地面(其密度比空气重),遇火花引燃爆炸。

(4)为了预防此类事故的发生,我们可以采取以下三种措施:一是改变生产车间内气象条件,即在生产车间内增加空气湿度,安装相应的降温空调;二是在无法改变气象条件的情况下,可以采取停止生产或安装导静电地板和对小车采取相应防静电接地避免类似火灾事故发生;三是保持生产车间内良好的通风,把爆炸性混合物浓度控制在安全范围以内。

# 附录
# 重庆东溪化工有限公司"4.21"爆炸事故调查报告雷电部分调查分析报告

## 1 雷暴天气形势分析

### 1.1 4月21日雷暴天气形势分析——预测预报部分

(1)重庆市气象台 2005 年 4 月 21 日 15 时发布的天气预报

21 日夜间到 22 日白天,雷阵雨转阵雨,西部白天阵雨转阴,雨量中雨,中西部和东南部部分地区可达大到暴雨,局部地区会出现大风、冰雹、暴雨等强对流天气,请各地加强监视。最高气温 21～23 ℃,最低气温 15～17 ℃。

22 日夜间到 23 日白天,阴有小雨,东南部小到中雨。最高气温 20～22 ℃,最低气温 14～16 ℃。

(2)綦江县气象局 2005 年 4 月 21 日 16 时发布的天气预报

21 日夜间到 22 日白天,全县大部地区:小到中雷阵雨转阵雨,气温 16～26 ℃;古南镇:雷阵雨转阵雨,气温 17～26 ℃;永新镇:雷阵雨转阵雨,气温17～26 ℃。

23 日夜间到 24 日白天,小雨转阴。最高气温 21～24 ℃,最低气温15～17 ℃。

(3)预报发布方式:电视、手机短信息平台,96121 电话及 12121 电话。

### 1.2 4月21日雷暴天气形势分析——天气实况部分

(1)雷达回波天气实况

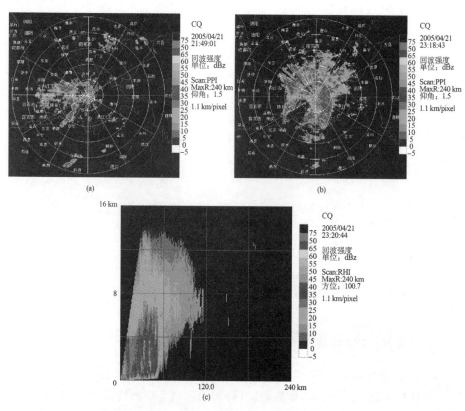

图1    2005年4月21日雷达回波强度(单位：dBz)

(a)21时49分，(b)23时18分，(c)23时20分

(2)自动气象站雨量实况

图2    全市自动雨量站实况(单位：mm)

## (3)闪电定位系统闪电实况资料

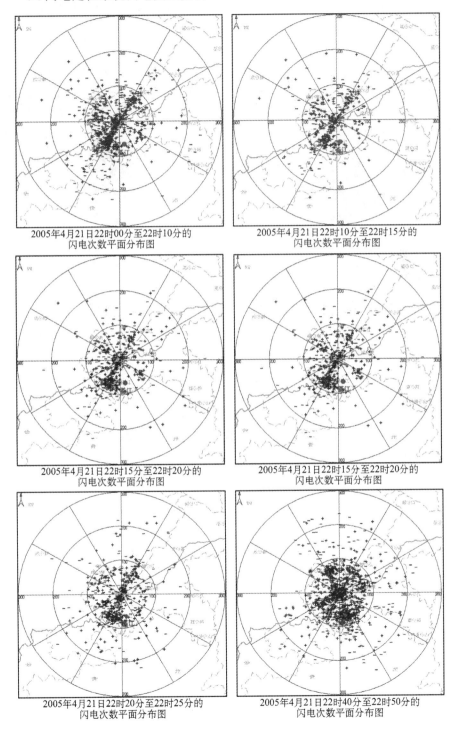

2005年4月21日22时00分至22时10分的
闪电次数平面分布图

2005年4月21日22时10分至22时15分的
闪电次数平面分布图

2005年4月21日22时15分至22时20分的
闪电次数平面分布图

2005年4月21日22时15分至22时20分的
闪电次数平面分布图

2005年4月21日22时20分至22时25分的
闪电次数平面分布图

2005年4月21日22时40分至22时50分的
闪电次数平面分布图

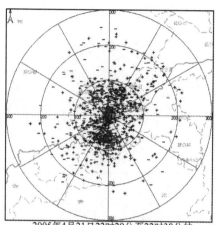

2005年4月21日22时20分至22时30分的
闪电次数平面分布图

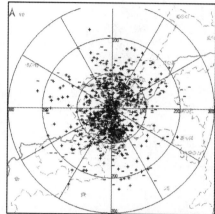

2005年4月21日22时30分至22时40分的
闪电次数平面分布图

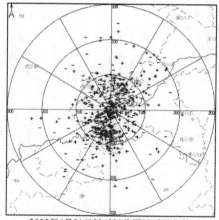

2005年4月21日22时25分至22时30分的
闪电次数平面分布图

图3　闪电实况资料

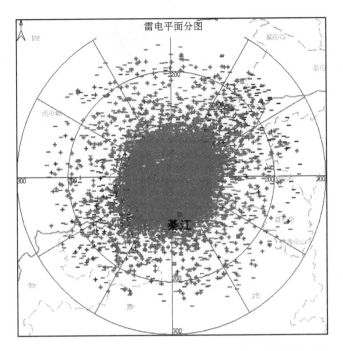

图4　2005年4月21日21—22日00时,闪电次数平面分布图
密集处说明闪电次数多,红色点为綦江县城所在位置,北渡江位于綦江西面10 km处

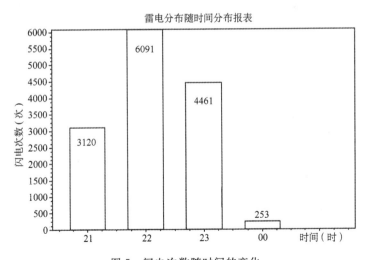

图5　闪电次数随时间的变化

（4）卫星云图实况资料

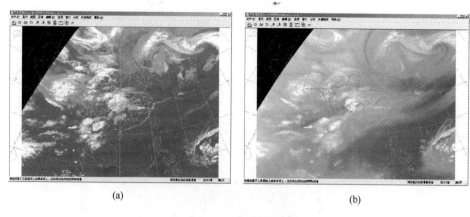

(a) (b)

图 6　2005 年 4 月 22 日 00 时卫星云图
(a)红外，(b)水汽

## 1.3　结　论

（1）重庆市气象台、綦江县气象局及时发布了雷暴天气预报。

（2）2005 年 4 月 22 日 22 时 20 分—22 时 40 分，綦江县境处于强雷暴天气活动区。

## 2　乳化车间防雷设施情况调查分析

厂方人员提供数据制作的示意简图（图 7）。

4 月 8 日綦江县气象防雷中心检测数据：架空避雷线 1.5 Ω，屋顶避雷带 1.0 Ω。

4 月 22 日綦江县气象防雷中心检测数据：左前铁塔 0.8 Ω，左后铁塔 1.8 Ω，右后铁塔 0.9 Ω。

结论：乳化车间防雷设施符合国家规范。

需要说明的是：一座铁塔被掀翻离地，故接地阻值无法测试；架空避雷线已断开，仅在左前铁塔上有部分残留；屋顶避雷带已随建筑物被摧毁，故接地阻值无法测试；现场无法直接取得的几何尺寸数据由厂方人员介绍；复测时间为 2005 年 4 月 22 日上午。

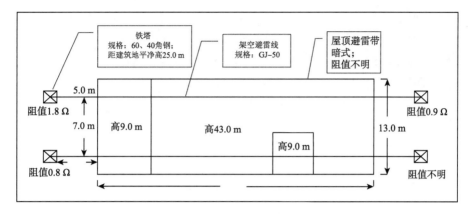

图 7　东溪化工有限公司乳化车间防雷设施示意简图

## 3　事故发生过程走访取证情况

表 1　走访情况调查统计

| 类别 | 人数（人） | 材料（份） |
| --- | --- | --- |
| 医生 | 2 | 2 |
| 伤员 | 11 | 11 |
| 群众 | 19 | 8 |

根据走访情况得出,爆炸发生的时间在 22 时 25 分左右。

## 4　雷击对乳化车间可能产生的危害性分析

防雷装置的安装最大限度地防止或减少雷电灾害带来的损失,但不可能完全杜绝雷击灾害的发生。虽然东溪化工厂防雷设施是完善的,但是该事故不能排除雷击爆炸的可能。雷击对乳化基质产生危害的可能性如下:

(1)雷电在空中放电或其他地方放电,引起空间电磁场变化,当金属部件之间接触不良时,可能会产生局部放电形成电火花。

(2)雷电击中避雷针或架空避雷线,引起空间电磁场变化,当金属部件之间接触不良时,可能会产生局部放电形成电火花。

(3)由于乳化车间防雷设施符合国家规范,具有防直击雷的架空避雷线作为防雷的第一道防线,在车间屋顶设置有避雷带作为防雷的第二道防线,并且该车间是框架结构的建筑物,框架结构中具有网状钢筋作为防雷的第三道防线,因此直击雷很难突破这些雷电防护设施直接击入车间内引爆胶状乳化炸药。但根据国家现行有关规范(GB50089—98 第 12.7.1 条和 GB50057—2000

有关条款），避雷针或架空避雷线保护范围存在雷电的绕击现象，这种现象是一种小概率事件，即雷电有可能绕过避雷针或架空避雷线直接击中乳化车间的建筑物，击在车间屋顶的避雷带或建筑物钢筋网上引起空间电磁场变化，当金属导体之间接触不良时可能会产生局部放电形成电火花。

（4）雷击发生在金属管道或输电线路上，以雷电波的形式进入室内，可能造成供电设备损坏，并在配电箱产生火花或引起配电箱爆炸。

（5）球状闪电直接窜入车间内，引起爆炸。

## 5  雷电引爆胶状乳化炸药的可能性分析

在"4.21"爆炸事故专家组中炸药专家对爆炸现场的相关资料和爆炸事故的分析结论（此次爆炸是胶状乳化基质首先引爆而不可能是粉状炸药首先引爆）的基础上，事故专家组中的炸药专业与防雷专业专家，就雷电引爆乳化炸药的可能性进行了反复讨论论证，并达成以下共识。

针对本次乳化炸药爆炸事故，以下四种雷电危害难以将胶状乳化炸药引燃或引爆：

（1）雷电在空中放电或其他地方放电，引起空间电磁场变化，产生的感应电动势或者感应电动势引起间隙火花。

（2）雷电击中避雷针或架空避雷线，引起空间电磁场变化，产生的感应电动势或者感应电动势引起间隙火花。

（3）由于乳化车间防雷设施符合国家规范，具有防直击雷的架空避雷线作为防雷的第一道防线，在车间屋顶设置有避雷带作为防雷的第二道防线，并且该车间是框架结构的建筑物，框架结构中具有网状钢筋作为防雷的第三道防线，因此直击雷很难突破这些雷电防护设施直接击入车间内引爆乳化炸药。但根据国家现行有关规范（GB50089—98 第 12.7.1 条及 GB50057—2000），避雷针或架空避雷线保护范围存在雷电的绕击现象，这种现象是一种小概率事件，即雷电有可能绕过避雷针或架空避雷线直接击中乳化车间的建筑物，击在车间屋顶的避雷带或建筑物钢筋网上引起空间电磁场变化，产生的感应电动势或者感应电动势引起间隙火花。

（4）根据该厂房建设的相关资料，电源线通过钢管屏蔽埋地引入，且室内所有的配电设备均具有防爆功能，因此，雷电波入侵不可能造成配电箱产生火花或引起配电箱爆炸。另外，即使部分设备因雷电波入侵而造成设备损坏突然停机，也不可能导致胶状乳化炸药爆炸。

因此，专家组一致认为，最大可能性是球状闪电直接窜入车间内引起乳化炸药爆炸。

# 6　球状闪电的相关资料

## 6.1　防雷专家王时煦对球状闪电的论述

主审我国第一部《建筑物防雷设计规范》(GBJ57—83)和第二部《建筑物防雷设计规范》(GB50057—94)的建筑物防雷泰斗王时煦老先生在《综论建筑物防雷》中对球状闪电的特性作了详细的论述。

雷击就是严重的自然灾害之一。但就我国而言,过去防雷设计在整个建筑设计中所占的比重很小。电气设计人员不重视,其他专业的设计人员更不重视,但雷击所造成的损失却无法轻视。如 1989 年山东黄岛油库遭受雷击并引起大火,损失惨重。20 世纪 80 年代以前,我国没有建筑物防雷规范,建筑电气设计人员只能凭自己的认识设计避雷针。

在国际建筑物防雷标准(IEC/TC—81)和我国的《建筑物防雷设计规范》中,均没有对球状闪电的防护作出规定。根据王老先生的调查,北京地区的球状闪电事故还是不少的,球状闪电约占闪电统计总数的 13.7%。尽管国内外科技人员对球状闪电的形成机理尚无一致的观点,但对其性质、状态和危害还是比较清楚的。

球状闪电是一种橙色或红色的类似火焰的发光球体,偶尔也有黄色、蓝色或绿色的。大多数火球的直径在 10～100 cm。球状闪电多在强雷暴发生时空中普通闪电最频繁的时候出现。球状闪电通常沿水平方向以 1～2 m·s$^{-1}$ 的速度上下滚动,有时距地面 0.5～1 m,有时升起 2～3 m。它在空中飘游的时间可由几秒到几分钟。球状闪电常由建筑物的孔洞、烟囱或开着的门窗进入室内,有时也通过不接地的门窗铁丝网进入室内。最常见的是沿大树滚下进入建筑物并伴有嘶嘶声。球状闪电有时会自然爆炸,有时遇到金属管线而爆炸。球状闪电遇到易燃物质(如木材、纸张、衣物和被褥等)可造成燃烧,遇到可爆炸的气体或液体则造成更大的爆炸。有的球状闪电会不留痕迹地无声消失,但大多数均伴有爆炸声且响声震耳。爆炸后偶尔有硫黄、臭氧或二氧化碳气味。球状闪电火球可辐射出大量的热能,因此它的烧伤力比破坏力要大。

列举一个典型的球状闪电实例:1982 年 8 月 16 日,钓鱼台迎宾馆两处同时落下球状闪电,均为沿大树滚下的球状闪电。一处在迎宾馆的东墙边,一名警卫战士当即被击倒,该战士站在 2.5 m 高的警卫室前,距落雷的大树约 3 m,树高 20 多米。球状闪电落下的瞬间,他只感到一个火球距身体很近,随后眼前一黑就倒了。醒来后,除耳聋外并无其他损伤。但该警卫室的混凝土顶板外檐和砖墙墙面被击出几个小洞,室内电灯被打掉,电灯的拉线开关被打坏,电话线被

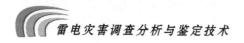

打断,估计均为电磁感应的电动力所致。另一处在迎宾馆院内的东南区,距警卫室约 100 m,也是沿大树滚下。距树 2 m 处有个木板房(仓库),该房在三棵 14～16 m 高大槐树包围之中,球状闪电沿东侧的大树滚下后钻窗进屋,窗户玻璃外有较密的铁丝网,但没有接地,铁丝网被击穿 8 个小洞,窗玻璃被击穿两个小洞。球状闪电烧焦了东侧木板墙和东南房角,烧毁了室内墙上挂的两条自行车内胎,烧坏了该室的胶盖闸,室内的电灯线也被烧断。

另据有关资料表明,球状闪电可分为移动的或不移动的两种。移动的球状闪电,一般速度不快,约 2 m·s$^{-1}$。它或者取决于气流的速度,随气流飘移;或者能独立移动,这与球状闪电当时所处的电场有关。移动的球状闪电还有"附壁效应",即周围有建筑物、墙壁、树木之类物体时,常能沿着这些物体飘行。移动的球状闪电还能穿过缝隙,溜进室内,穿堂过屋。不移动的球状闪电常固定在避雷针上、金属屋顶的尖端边缘处或高大烟囱的上部,这时它就发出白光。移动或不移动的球状闪电可以互相转化,不移动的球状闪电挣脱了它的附着物,就会成为移动的;移动的球状闪电有时附着在某个物体上,便成为不会移动的。大的球状闪电还会分裂成数个较小的火球。

## 6.2  球状闪电的其他有关资料

另据有关资料表明球状闪电还有冷热之分。冷的就像萤火虫发出的冷光一样。热的则具有很高的温度,落到金属上,会使金属熔化甚至气化;落到水里,水也会被烧热。其温度可达上千摄氏度,一般可燃物遭受雷击会立即引起火灾。

另据有关资料表明,在最近二十年里已获得超过一万次的证据,因此,科学家现在深信球形闪电的存在,但仅有 1%的人声称见过球形闪电。

另据有关资料表明,它不辐射热量,但是能熔化玻璃,能穿透玻璃窗进入房间。还能击穿厚厚的预制板。球状闪电大多数在强雷暴发生时空中普通闪电最频繁的时候出现;有时也会出现在无雷雨的天气里,但大多发生在高山或潮湿地带。球状闪电一般直径为几厘米到几十厘米,但在高空也有直径达几米到几十米的。

## 6.3  球状闪电的典型灾害事例

(1)山西省气象局大同基准站每天 24 小时人工观测,承担着七次天气预报任务,同时还担负太阳辐射、沙尘暴监测及自动站观测任务。2004 年 5 月 15 日 15 时 08 分,大同基准站周围多个"球状雷"先后落地炸响,基准站仪器设备遭到雷击,造成供电系统、自动站计算机系统、网络传输系统和沙尘暴监测系统全部瘫痪,致使自动站数据采集传输一度中断。据统计,直接损失达 15 000 元。

　　大同国家基准站于 2003 年 5 月安装了防雷设施。设在办公室顶部的两支避雷针作为直击雷保护,可覆盖整个自动站机房;对自动站机房的电源、信号系统以及机房建筑物还安装了综合防雷设施,进行了多级保护,防雷设备均符合技术要求。由于现有防雷设施对"球状雷"的防御能力几乎为零,因此还是不可避免地遭到此次雷击。

　　(2)2004 年 9 月 4 日晚,重庆市荣昌县天洋坪农贸市场商住楼遭遇球状闪电袭击,球状闪电穿过窗户,进入室内,将内墙击出坑状并将放于水缸案板的水瓢击穿。

图 8　雷击现场示意图

　　(3)1983 年 8 月 15 日,北京市东郊的北京焦化工厂,因球形雷烧毁体积 10 m³ 的酒精罐两个。

　　(4)北宋著名科学家沈括(1031—1095 年)在《梦溪笔谈》中,记述了一次球形闪电的实况,描述了暴雷运行的过程。球形闪电自天空进入"堂之西室"后,又从窗间檐下而出,雷鸣电闪过后,房屋安然无恙,只是墙壁窗纸被熏黑了。令人惊奇的是屋内木架子以及架内的器皿杂物(包括易燃的漆器)都未被电火烧毁,相反,镶嵌在漆器上的银饰却被电火熔化,其汁流到地上,钢质极坚硬的宝刀竟熔化成汁水。令人费解的是,用竹木、皮革制作的刀鞘却完好无损。

　　(5)2004 年 7 月 20 日凌晨 4 时左右,长沙市黄材镇井冲村栗山组一团火球从村民袁腊华家卧室的窗户钻入,击中了熟睡中的袁腊华及其妻子,二人被烧成高度重伤,毛发全被烧掉,头部、面部、躯干和双手手掌、手臂被烧得面目全非,靠外侧睡的袁妻更是被火雷冲击波抛到了地上,袁腊华当场口吐鲜血;球状闪电的雷电冲击波还震坏衣柜,衣柜内的衣服洒落一地。球状闪电并没有马上消失,而是在房屋内快速地跳跃移动,穿过了数堵砖墙,在袁母的床前地面上转了几圈后穿过砖墙窜到屋后的猪圈内,击死四头猪。从砖墙上的孔来看,球状闪电的直径大约 10 cm,就连厚厚的预制板也被击穿三个大洞。

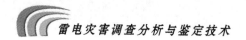

## 7  乳化车间遭受球状闪电袭击的可能性分析

根据上述分析，又根据事故发生地所处的地理位置与气候背景，以及爆炸时的雷雨天气实况，首先，雷雨天气和乳化车间所处位置比较潮湿，有利于球状闪电的形成，其次，乳化车间四周有较多的树木，并且车间建筑物四壁有较多的开放式门窗（窗 45 个、门 24 个），为球状闪电窜入车间内提供了有利的通道。根据乳化炸药的特性以及事故发生后的情况判断，球状闪电本身的高温和爆炸的冲击波会引起乳化炸药的爆炸。

## 参考文献

查理斯·J·海勒.2005.无损检测与评价手册.戴光,徐彦廷等译.北京:中国石化出版社.

樊宝德,朱焕勤.2005.油库安全技术问答.北京:中国石化出版社.

范继义.2005.油库加油站安全技术与管理.北京:中国石化出版社.

范维澄,孙金华,陆守香,等.2004.火灾风险评估方法学.北京:科学出版社.

郭虎.2010.北京市雷电灾害灾情综合评估模式[J].灾害学.23(1):14-17.

蒋军成.2004.事故调查与分析技术.北京:化学工业出版社.

匡永泰,高维民.2005.石油化工安全评价技术.北京:中国石化出版社.

李家启.2006.防雷减灾管理及其法律制度研究.北京:气象出版社.

李家启.2010.强化防雷安全社会管理的思考[J].气象软科学,(2):14-18.

李家启,李黎,黄亚敏,等.2012.极端气象条件诱发的静电火灾事故分析于防范建议[J].气象科技,**40**(2):310-314.

李家启,李良福.2007.雷电灾害典型案例分析.北京:气象出版社.

李家启,李良福.2010.雷电灾害风险评估与控制.北京:气象出版社.

李家启,李良福,覃彬全,等.2011新农村防雷安全实用技术手册[M].北京:气象出版社.

李家启,林涛,任艳,等.2011.加油站雷击电磁场影响分析及危害范围界定[J].气象科技,**39**(5):650-655.

李家启,刘斌.2011.气象科技活动(上册).北京:气象出版社

李家启,刘斌.2011.气象科技活动(下册).北京:气象出版社.

李家启,秦健,刘俊,等.2010雷电灾害评估及其等级划分[J].西南大学学报(自然科学版),**32**(11):140-144.

李家启,申双和,陈宏等.2010.重庆10 kV高压输电线路雷击火灾事故分析[J].气象科技,**38**(6):821-824.

李家启,申双和,廖瑞金,等.2010.重庆地区雷电流幅值变化特征分析[J].高电压技术,**36**(12):2918-2923.

李家启,申双和,秦健,等.2011.重庆市雷电灾害易损性风险综合评估与区划[J].西南大学学报(自然科学版),**33**(1):96-102.

刘景良.2003.化工安全技术.北京:化学工业出版社.

刘铁民,钟茂华,王金安.2005.地下工程安全评价.北京:科学出版社.

马良,杨守生.2005.石油化工生产防火防爆.北京:中国石化出版社.

瞿彩萍.2007.电气安全事故分析及其防范.北京:机械工业出版社.

时传礼.2003.地下工程爆破百问.北京:中国铁道出版社.

宋建池,范秀山,王训道.2004.化工厂系统安全工程.北京:化学工业出版社.

孙新宇,李晓明,彭仁海.2005.油罐安全运行与管理.北京:中国石化出版社.

王国凡.2002.材料成形与失效.北京:化学工业出版社.

王凯全,邵辉.2005.危险化学品安全经营、储运与使用.北京:中国石化出版社.

汪旭光,于亚伦,刘殿中.2004.爆破安全规程实施手册.北京:人民交通出版社.

谢全安,薛利平. 2005.煤化工安全与环保.北京:化学工业出版社.

杨莜蘅. 2005.油气管道安全工程.北京:中国石化出版社.

杨槐青,郭建新. 2005.加油(气)站安全技术与管理.北京:中国石化出版社.

杨利敏,李良福 2006.气象信息与安全生产.北京:气象出版社.

印华. 2006.输电线路防雷计算中若干参数的探讨[J].中国电机工程学会高压专业委员会高
电压新技术学组 2006 年学术年会.

张荣. 2005.危险化学品安全技术.北京:化学工业出版社.

张义军,陶善昌,马明,等. 2009.雷电灾害.北京:气象出版社.

中国石油化工集团公司安全环保局. 2005.石油化工安全技术.北京:中国石化出版社

祖因希,祖建国. 2005.汽车加油加气站安全技术与管理.北京:化学工业出版社.

LI Liangfu,Li Jiaqi,Qin Bingquan. 2010. Study on lightning protection technology for building
with plastic-steel doors and windows on exterior walls[C]. Beijing:APEMC.